W0258870

E. Berane/H. Knorr/F. Lowke

Gewöhnliche Differentialgleichungen höherer Ordnung

- Übungsprogramm -

Programm für Mathematiker, Naturwissenschaftler und Techniker ab 1. Semester

Vieweg

AUTOREN:

DR. EDITH BERANE
Wissenschaftlicher Mitarbeiter an der Sektion Mathematik der Technischen Hochschule Karl-Marx-Stadt

DR. HENRY KNORR
Wissenschaftlicher Mitarbeiter an der Sektion Mathematik der Technischen Hochschule Karl-Marx-Stadt

DIPL.-MATH. FRIEDMAR LOWKE
Wissenschaftlicher Mitarbeiter an der Sektion Mathematik der Technischen Hochschule Karl-Marx-Stadt

HERAUSGEBER:

DOZ. DR. sc. HEINZ LOHSE
Forschungszentrum für Theorie und Methodologie der Programmierung von Lehr- und Lernprozessen an der Karl-Marx-Universität Leipzig

1978

Lizenzausgabe für Friedr. Vieweg & Sohn, Verlagsgesellschaft mbH, Braunschweig, mit Genehmigung der Akademischen Verlagsgesellschaft Geest & Portig K.-G., Leipzig

Umschlagentwurf: Peter Morys, Wolfenbüttel

ISBN 978-3-528-03577-8 ISBN 978-3-322-89709-1 (eBook)
DOI 10.1007/978-3-322-89709-1

Inhalt

Besonderer Dank gilt an dieser Stelle den Mitarbeitern des Forschungszentrums für Theorie und Methodologie der Programmierung der Karl-Marx-Universität Leipzig unter Leitung von Herrn Dozent Dr. Heinz Lohse für ihre wertvollen Hinweise bei der Endfassung des Übungsprogramms.

Das Übungsprogramm richtet sich vorwiegend an:

Studierende ingenieurwissenschaftlicher, naturwissenschaftlicher, ökonomischer und agrarwissenschaftlicher Fachstudienrichtungen. Das Übungsprogramm wurde entwickelt, um die mathematische Ausbildung im Grundstudium der genannten Fachstudienrichtungen zu unterstützen. Es besteht auch die Möglichkeit, das Übungsprogramm bei der Ausbildung von Lehrern einzusetzen.

Voraussetzungen für die Abarbeitung des Übungsprogramms

- Sicheres Beherrschen der Rechengesetze im Bereich der reellen und komplexen Zahlen, insbesondere der Anwendung der Potenz- und Logarithmengesetze.
- Fertigkeiten beim Lösen von algebraischen Gleichungen, bei der Zerlegung von Polynomen in Linearfaktoren und bei Partialdivision sowie beim Lösen von linearen Gleichungssystemen.
- Kenntnisse aus der Differentialrechnung, insbesondere die Differentiationsregeln und die Ableitungen der elementaren Funktionen.
- Fertigkeiten beim Lösen von Integralen.
- Fertigkeiten beim Lösen von gewöhnlichen Differentialgleichungen erster Ordnung, insbesondere solcher, die sich durch Trennung der Veränderlichen lösen lassen, von Ähnlichkeitsdifferentialgleichungen und linearen Differentialgleichungen erster Ordnung. Diese Fertigkeiten konnten Sie sich z.B. beim Durcharbeiten des Heftes 6 dieser Reihe erwerben.
- Grundkenntnisse über gewöhnliche Differentialgleichungen höherer Ordnung, wie sie in Vorlesungen und Lehrbüchern geboten werden.

Hilfsmittel für die Arbeit mit dem Übungsprogramm sind

- Nachschrift
- Lehrwerk "Mathematik für Ingenieure, Naturwissenschaftler, Ökonomen und Landwirte"
- Formelsammlung.

Zielstellung

Das vorliegende Übungsprogramm soll die Erarbeitung des Stoffgebietes "Gewöhnliche Dgln. höherer Ordnung" unterstützen und bei Ihnen Fähigkeiten und Fertigkeiten beim Lösen von

- Dgln. durch Reduktion der Ordnung,
- homogenen und inhomogenen linearen Dgln. mit konstanten Koeffizienten,
- Eulerschen Dgln.,
- Systemen linearer Dgln. mit konstanten Koeffizienten

entwickeln und Sie mit der Möglichkeit vertraut machen,

- Systeme linearer Dgln. mit konstanten Koeffizienten durch Zurückführung dieser Systeme auf Dgln. höherer Ordnung zu lösen.

Daraus ergeben sich für die einzelnen Abschnitte folgende T e i l z i e l e : Sie werden

- die Fähigkeit erwerben, Dgln. höherer Ordnung, die sich nach Reduktion der Ordnung lösen lassen, zu erkennen, und sich Fertigkeiten beim Lösen dieser Aufgaben aneignen,
- sichere Kenntnisse über die Struktur der Lösung einer Dgl. höherer Ordnung erwerben und die Begriffe "allgemeine Lösung" und "spezielle Lösung" beherrschen,
- in die Lage versetzt werden, homogene lineare Dgln. mit konstanten Koeffizienten zu lösen (auf mehrfache komplexe Lösungen der charakteristischen Gleichung wird nicht eingegangen), und Fertigkeiten erwerben, für spezielle inhomogene lineare Dgln. mit konstanten Koeffizienten entsprechende Ansätze aufzustellen, um die Lösungen dieser Dgln. zu bestimmen. Außerdem sollen Sie mit der Methode der "Variation der Konstanten" als Lösungsmethode für derartige Dgln. vertraut gemacht werden,
- sich die Fähigkeit aneignen, Eulersche Dgln. zu erkennen, und Fertigkeiten für das Lösen derartiger Aufgaben erwerben,
- sich Fähigkeiten beim Lösen von Systemen linearer Dgln. mit konstanten Koeffizienten aneignen und mit der Möglichkeit vertraut gemacht werden, ein System von n linearen Dgln. mit konstanten Koeffizienten mit n Funktionen auf eine Dgl. n-ter Ordnung mit konstanten Koeffizienten in einer Funktion zurückzuführen.

Anleitung zur Arbeit mit dem Übungsprogramm

Die Arbeit mit dem Übungsprogramm soll es Ihnen ermöglichen, daß Sie Ihre Kenntnisse über Dgln. höherer Ordnung festigen und Fähigkeiten sowie Fertigkeiten für das Lösen von Aufgaben einiger Klassen dieses Typs erwerben.

Sie werden diese Aufgabe erfolgreich meistern, wenn Sie ehrlich arbeiten und stets aktiv mitdenken. Beschreiten Sie deshalb den für Sie durch Ihren jeweiligen Kenntnisstand bestimmten Weg.

Zur Führung durch das Programm werden folgende Symbole verwendet:

-----→ 9A bedeutet: weiterarbeiten auf Seite 9, Abschnitt A.

---- 9A --↩ Studieren Sie den Programmschritt 9A und kehren Sie dann, unabhängig von der Steuerung in 9A, zu dem eben bearbeiteten Programmschritt zurück.

--- 9A --→ 12A Studieren Sie 9A und gehen Sie dann, unabhängig von der Steuerung in 9A, zu 12A über.

Führen Sie die Ihnen im Programm erteilten Aufträge gewissenhaft aus! Ergänzen Sie die fehlenden Begriffe! Sie erkennen diese Leerstellen durch Lücken der Form _ _ _ _ _ _ _ _ _ .

Lösen Sie die Ihnen gestellten Aufgaben selbständig und schauen Sie erst danach zur Lösung! Fertigen Sie auch die beim Betreuer abzugebenden Aufgaben selbständig an!

Gehen Sie erst dann zum nächsten Programmschritt über, wenn Sie wirklich alles verstanden haben. Sollten Ihnen bei der Arbeit Fehler unterlaufen, dann korrigieren Sie diese bitte sofort entsprechend den gegebenen Hinweisen. Auch dann, wenn es einmal schwerfällt, ist es besser, selbständig zu arbeiten. Sie sollten deshalb möglichst wenig Hilfen in Anspruch nehmen. Falls Sie unter Anleitung arbeiten, wenden Sie sich erst dann an Ihren Betreuer, wenn Sie selbst nicht mehr weiterkommen.

Für Ihre eigenen Notizen und Rechnungen verwenden Sie bitte ein Arbeitsheft. Wenn Sie dieses Heft sauber und übersichtlich gestalten, kann es Ihnen später als Nachschlagewerk dienen. Außerdem fördert es Ihr bewußtes Lernen, indem Sie die Fragen, die Sie sich stellen, und die Schlußfolgerungen, die Sie ziehen, dort festhalten.

Beginnen Sie mit dem Durcharbeiten im Programmschritt 7A!

Wir wünschen Ihnen für die Arbeit Freude und viel Erfolg!

Einige Sonderfälle von Differentialgleichungen höherer Ordnung

Hat die Dgl. n-ter Ordnung die Form **7A**

$$\boxed{F(x; y'; y''; \ldots; y^{(n)}) = 0} \qquad (1)$$

d.h., $y^{(n)}$ ist die höchste existierende Ableitung und y tritt nicht auf, dann führt die Substitution

$\boxed{y' = z(x)}$ zur Erniedrigung der Ordnung.

Aus $y' = z(x)$ entsteht durch Differentiation

$$y'' = z'(x), \ldots, y^{(n)} = z^{(n-1)}(x),$$

und nach dem Einsetzen in die Dgl. (1) erhält man

$$F(x; z; z'; \ldots; z^{(n-1)}) = 0 .$$

Damit ist eine Dgl. von (n-1)-ter Ordnung in z(x) entstanden.
Schauen Sie sich zunächst ein Beispiel an! -----→ 7B

Die allgemeine Lösung der folgenden Dgl. 2. Ordnung ist zu bestimmen: **7B**

$$xy'' - y' = x^2e^x; \quad x \neq 0 .$$

Lösungsweg: Da die abhängige Variable y in der Dgl. nicht auftritt, erhält man durch die Substitution $y' = z(x)$ und damit $y'' = z'(x)$ eine Dgl. 1. Ordnung:

$$xz' - z = x^2e^x. \qquad (2)$$

Das ist eine inhomogene lineare Dgl. (1. Ordnung), die z.B. durch Variation der Konstanten gelöst werden kann. Die allgemeine Lösung von (2) ist

$$z = (e^x + C_1)x .$$

Da $y' = z(x)$ ist, ergibt sich daraus die Dgl.

$$y' = (e^x + C_1)x .$$

Lösen Sie diese Dgl. selbständig und vergleichen Sie! -----→ 8G

Bestimmen Sie die allgemeine Lösung der Dgl. **7C**

$$y'' = 1 + x^2 + y' .$$ -----→ 10B

8A Lösen Sie jetzt die Dgl.

$$xy'' \ln x = y', \quad x > 0;\ x \neq 1 .$$

-----→ 10A

8B Ihr Ergebnis ist falsch! Sie haben zwar richtig erkannt, daß nach der Substitution $y' = z(x)$ die entstehende Dgl. eine lineare Dgl. ist, haben jedoch nur die zugehörige homogene Dgl. gelöst und dann schon die Rücksubstitution vorgenommen. Lösen Sie die gestellte Aufgabe noch einmal! -----→ 7C

8C Ihr Ergebnis ist falsch.
Nach der Substitution haben Sie eine inhomogene lineare Dgl. erhalten. Nachdem Sie die zugehörige homogene Dgl. gelöst haben, führten Sie die Rücksubstitution aus, ohne zunächst die allgemeine Lösung der inhomogenen Dgl. zu bestimmen. Korrigieren Sie diesen Fehler und vergleichen Sie erneut!

-----→ 10C

8D Ihr Ergebnis ist richtig. -----→ 8E

8E Bestimmen Sie die allgemeine Lösung der Dgl.

$$(1 + x^2)y'' + 2xy' = x^3 .$$

-----→ 10C

8F Wenn Sie das richtige Ergebnis
$y = C_1 \cos x - x + C_2$ haben -----→ 8E

Falls Sie nicht zu diesem Ergebnis gelangt sind, arbeiten Sie diesen Abschnitt noch einmal gründlich durch! -----→ 7A

8G Durch Integration beider Seiten erhielten Sie sicher

$$y = e^x(x - 1) + K_1x^2 + K_2; \quad (K_1 = \frac{1}{2} C_1) .$$

Lösen Sie nun die folgende Aufgabe! -----→ 7C

Da Sie keines der angegebenen Ergebnisse erhalten haben, rechnen wir Ihnen die Aufgabe vor. Zu bestimmen war die Lösung der Dgl. $y'' = 1 + x^2 + y'$. **9A**

<u>Lösungsweg:</u> $y' = z(x)$; $y'' = z'(x)$;

$z' - z = 1 + x^2$; (3)

$z' - z = 0$;

$\int \frac{dz}{z} = \int dx \quad ==> \quad \bar{z} = Ce^x$;

$z = C(x)e^x$; (4)

$z' = C'(x)e^x + C(x)e^x$. (5)

(4) und (5) werden in (3) eingesetzt, und es entsteht

$C'(x)e^x = 1 + x^2$, d.h. $C'(x) = (1 + x^2)e^{-x}$.

Um C(x) zu erhalten, ist eine zweifache partielle Integration notwendig.

$C(x) = -3e^{-x} - x^2e^{-x} - 2xe^{-x} + C_1$.

Einsetzen von C(x) in den Ansatz $z = C(x)e^x$ ergibt

$z = -3 - x^2 - 2x + C_1e^x$.

Rückgängigmachen der Substitution $y' = z(x)$:

$y' =$ _________ ; $y =$ _________

Vergleichen Sie Ihre Ergänzungen! -----→ 10D

Ihr Ergebnis ist richtig. -----→ 8A **9B**

Die Lösung der vorgegebenen Dgl. ist **9C**

$y = \frac{H}{p} \cosh(\frac{p}{H}x + C_1) + C_2$.

Haben Sie diese? Ja -----→ 13A

Nein, dann beachten Sie: Die als Zwischenergebnis entstehende Dgl.

$z'(x) = \frac{p}{H}\sqrt{1 + z^2}$ läßt sich durch Trennung der Variablen lösen. Dabei entstehen nur Grundintegrale. Lösen Sie die Aufgabe zu Ende und vergleichen Sie mit dem oben angegebenen Ergebnis!

10A Haben Sie das richtige Ergebnis $y = C_1(x \ln x - x) + C_2$, dann lösen Sie noch eine Dgl., die aus einer praktischen Aufgabe entsteht! -----→ 11C

Sind Sie zu keinem oder einem anderen Ergebnis gelangt, dann nehmen Sie folgende Hilfen in Anspruch:

- Nach der Substitution $z = y'$ entsteht eine Dgl. mit trennbaren Variablen.
- Die Lösung dieser Dgl. ist $z = C \ln x$.

Rechnen Sie diese Aufgabe nochmals! -----→ 8A

10B Vergleichen Sie!

$y = x - \frac{1}{3}x^3 - x^2 + C_1e^x + C_2$ -----→ 12C

$y = C_1e^x + C_2$ -----→ 8B

$y = -3x - x^2 - \frac{1}{3}x^3 + C_1e^x + C_2$ -----→ 8D

$y = -\frac{1}{3}x^3 - x^2 - 3x + C_1x + C_2$ oder

$y = -\frac{1}{3}x^3 - x^2 + C_1x + C_2$ -----→ 12B

Sie haben keines der angegebenen Ergebnisse erhalten. -----→ 9A

10C Haben Sie $y = C_1 \arctan x + C_2$ -----→ 8C

$y = \frac{1}{12}x^3 - \frac{1}{4}x + C_1 \arctan x + C_2$ -----→ 9B

keines der angegebenen Ergebnisse -----→ 12A

10D Die richtigen Ergänzungen sind:

$-3 - x^2 - 2x + C_1e^x$ / $-3x - \frac{1}{3}x^3 - x^2 + C_1e^x + C_2$.

Lösen Sie nun die Dgl.

$y'' \tan x = y' + 1, \quad x \neq k\frac{\pi}{2},\ k = 0, \pm 1, \dots$ -----→ 8F

11A

Die allgemeine Lösung der Dgl. $2y'^2 = (y - 1)y''$ mit $y \neq 1$ ist zu bestimmen!

<u>Lösungsweg:</u> Die Substitutionen $y' = z(y)$ und $y'' = z'z$ werden in die gegebene Dgl. eingesetzt. Das ergibt $2z^2 = (y - 1)z'z$. Daraus folgt $2z = (y - 1)z'$ und $z = 0$ (also $y \equiv C$).

$$2 \int \frac{dy}{y - 1} = \int \frac{dz}{z};$$

$$2 \ln|y - 1| = \ln|z| + \ln|\bar{C}_1| \quad \text{mit} \quad \bar{C}_1 \neq 0;$$

$$(y - 1)^2 = |\bar{C}_1 z|;$$

$$|z| = \frac{1}{|\bar{C}_1|} (y - 1)^2. \quad \text{Mit} \quad \frac{1}{|\bar{C}_1|} = |C_1| \quad \text{folgt}$$

$$|z| = |C_1| \, (y - 1)^2.$$

Daraus entsteht $z = C_1(y - 1)^2$ und wegen $z = y'$ die Dgl. $y' = C_1(y - 1)^2$, die durch Trennung der Variablen gelöst wird:

$$\int \frac{dy}{(y - 1)^2} = C_1 \int dx; \qquad -\frac{1}{y - 1} = C_1 x + C_2;$$

$$y = 1 - \frac{1}{C_1 x + C_2}.$$

Die Lösung $y \equiv C$ ist für $C_1 = 0$ in dieser Lösung enthalten. Wenn Sie dieses Beispiel aufmerksam durchgearbeitet haben, werden Sie ohne Schwierigkeiten die nächste Aufgabe selbständig lösen. -----→ 13B

11B

Sie sind nicht zur Lösung gekommen. Es ist deshalb nötig, daß Sie das Beispiel gründlicher durcharbeiten! -----→ 11A

11C

Die Kurve eines durchhängenden Seiles wird durch die Dgl. $y'' = \frac{p}{H}\sqrt{1 + y'^2}$ beschrieben, wobei p das Gewicht des Seiles und H = const > 0 der Horizontalzug (waagerechte Spannkraftkomponente) sind.
Lösen Sie diese Dgl.! -----→ 9C

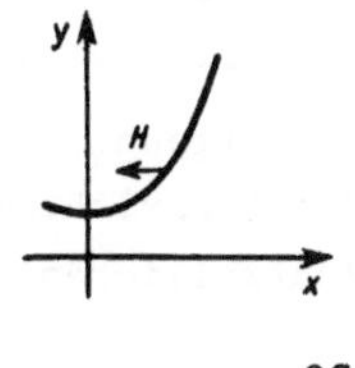

12A Sie sind nicht zum richtigen Ergebnis gelangt. Suchen Sie selbst die Ursache dafür, indem Sie folgende Angaben mit Ihrer eigenen Rechnung vergleichen! Beachten Sie jeden hier gegebenen Hinweis genau, führen Sie die fehlenden Zwischenschritte aus, und versuchen Sie, zum richtigen Ergebnis zu gelangen.

Allgemeine Lösung der zugehörigen homogenen Dgl.:

$$\bar{z}(x) = \frac{C}{1 + x^2} \;.$$

Nach Variation der Konstanten lautet die Dgl. zum Bestimmen von C(x)

$$C'(x) = x^3 .$$

Allgemeine Lösung der inhomogenen Dgl. in z(x):

$$z(x) = \frac{x^4 + K_1}{4(1 + x^2)} \;.$$

Als allgemeine Lösung der gegebenen Dgl. erhält man (nach Polynomdivision)

$$y = \frac{1}{4}\left[\int (x^2 - 1)\,dx + K_2\int \frac{dx}{1 + x^2}\right] \quad \text{mit } K_2 = K_1 + 1 .$$

Lösen Sie noch diese Integrale! -----→ 10C

12B Ihr Ergebnis ist falsch. Sie haben sicher das Prinzip für das Lösen derartiger Dgln. verstanden, waren aber oberflächlich beim Lösen der linearen Dgl. erster Ordnung. Kontrollieren Sie Ihre Rechnung noch einmal! -----→ 10B

12C Ein Summand Ihres Ergebnisses ist falsch. Ihnen ist ein Vorzeichenfehler bei der partiellen Integration unterlaufen. Überprüfen Sie Ihre Rechnung an dieser Stelle und vergleichen Sie erneut! -----→ 10B

12D Ihr Ergebnis erfüllt die vorgegebene Dgl. nicht. Sie haben die Logarithmengesetze oder Potenzgesetze falsch angewendet. Kontrollieren Sie Ihre Rechnung! -----→ 15A

Ein zweiter Sonderfall von Dgln. höherer Ordnung liegt vor, wenn die Dgl. die Form **13A**

$$\boxed{F(y;\ y';\ y'';\ \ldots;\ y^{(n)}) = 0} \qquad (5)$$

hat, d.h., wenn in dieser Dgl. x nicht auftritt. Hier führt die Substitution

$$\boxed{y' = z(y)}$$

zur Erniedrigung der Ordnung der Dgl. Beim Bilden der einzelnen Ableitungen muß die Kettenregel angewendet werden.

$$y' = z(y) = z(y(x))$$

$$\Longrightarrow\ y'' = (z(y(x)))' = z'(y)y' = z'(y)z \text{ mit } z'(y) = \frac{dz}{dy};$$

$$y''' = z''z^2 + (z')^2 z \quad \text{mit} \quad z' = z'(y) \quad \text{und} \quad z'' = z''(y);$$

$$y^{(4)} = z'''z^3 + 4z''z'z^2 + (z')^3 z.$$

Auf die weiteren Ableitungen wollen wir hier verzichten.
Durch Einsetzen in die Dgl. (5) ergibt sich

$$F^*(y;\ z;\ z';\ \ldots;\ z^{(n-1)}) = 0,$$

eine Dgl. von (n-1)-ter Ordnung in z(y).
Wenn Sie glauben, diese Methode verstanden zu haben, dann lösen Sie die erste Aufgabe. -----→ 13B

Sie können sich auch vorher noch ein Beispiel anschauen.
-----→ 11A

13B

Bestimmen Sie die allgemeine Lösung der Dgl. $yy'' - y'^2 = 0$.
Vergleichen Sie! -----→ 15A

13C

Ihr Ergebnis ist falsch. Sicher haben Sie das richtige Zwischenergebnis $y' = C\sqrt{|y|}$. Aber dann haben Sie nicht beachtet, daß diese Dgl. durch "Trennung der Variablen" zu lösen ist. Wiederholen Sie Ihre Rechnung! -----→ 16B

13D

Ihr Ergebnis ist falsch. Beachten Sie, daß die verbleibende Dgl. 1. Ordnung durch "Trennung der Variablen" zu lösen ist und $y' \neq \frac{dx}{dy}$, sondern $y' = \frac{dy}{dx}$. -----→ 15C

14A Um zum richtigen Ergebnis zu gelangen, geben wir Ihnen einige Hilfen:

- Erniedrigung der Ordnung durch Substitution ergibt $2yzz' = z^2$.
- Nach Trennung der Variablen und Integration erhalten Sie $z = C\sqrt{|y|}$.

Rechnen Sie die Aufgabe selbständig zu Ende! -----→ 16B

14B Haben Sie eines der Ergebnisse

$y^2 + 2C_1y = -2x + 2C_2$ oder besser $y^2 + K_1y = -2x + K_2$,

dann haben Sie richtig gerechnet. -----→ 17C

Sollten Sie nicht zu diesem Ergebnis gekommen sein, dann vergleichen Sie Ihre Rechnung mit folgenden Zwischenergebnissen:

$z' - z^2 = 0$; $\quad y' = -\frac{1}{y + C_1}$.

Vergleichen Sie, nachdem Sie die Aufgabe zu Ende gelöst haben, mit den oben angegebenen Ergebnissen!

14C Ihre partikuläre Lösung muß $y = 1 + e^x$ lauten. -----→ 18A

Sind Sie nicht zu diesem Ergebnis gekommen, dann wollen wir Ihnen helfen. Wir wählen den zweiten Weg, weil er hier gewisse Vorteile zeigt.

- Als erstes Zwischenergebnis hatten Sie erhalten $z' = C_1$.
  Aus der Substitution $y' = z(y)$ und $y'' = z'z$ folgt
  $z' = \frac{y''}{z}$, also $z' = \frac{y''}{y'}$.
  Mit den Anfangsbedingungen $x = 0$, $y = 2$, $y' = 1$ und $y'' = 1$ erhalten wir $z' = 1$.
  Damit wird $C_1 = 1$.
- Aus $z'(y) = 1$ folgt $z = y + C_2$, also $y' = y + C_2$.
  Mit den angegebenen Anfangsbedingungen können Sie nun C_2 berechnen und die verbleibende Dgl. noch lösen.

Vergleichen Sie mit dem oben angegebenen Ergebnis!

Haben Sie **15A**

$y = C_2e^x - C_1$ ------→ 12D

$y = C_2e^{C_1x}$ oder $y = e^{C_1x+C_2}$ ------→ 17D

$y = C_1y^2 + C_2$ ------→ 16C

kein oder ein anderes Ergebnis erhalten? ------→ 11B

Wie lautet Ihr Ergebnis? **15B**

$|y| = (C_1x + C_2)^2$ oder $y = K_1(x + K_2)^2$ ------→ 17B

$|y| = \frac{1}{4}(C_1x + C_2)^2$ ------→ 17A

$y = C_1\sqrt{|y|}\,x + C_2$ ------→ 13C

Sie sind zu keinem oder einem anderen Ergebnis gelangt. ------→ 14A

Vergleichen Sie! **15C**

$C_1y^2 + y = C_2x + C_3$ ------→ 13D

$y = C_3e^{C_2x} + C_1$ oder $y = C_1 + e^{C_2x+C_3}$ ------→ 17E

$y = \frac{1}{C_1}e^{C_1x+C_1C_3} - \frac{C_2}{C_1}$ ------→ 16A

$y = C_3e^{C_1x} - \frac{C_2}{C_1}$ oder $y = \frac{1}{C_1}e^{C_1x+C_1C_3} + C_2$ ------→ 17F

$y = C_2\frac{1}{C_1}e^{x+C_3}$ ------→ 16E

Sie haben keines der angegebenen Ergebnisse erhalten. ------→ 16D

16A Ihr Ergebnis ist richtig. Fassen Sie die Konstanten so weit wie möglich zusammen, so daß die allgemeine Lösung in einer gut überschaubaren Form angegeben wird!
Vergleichen Sie danach erneut! -----→ 15C

16B Das richtige Ergebnis lautet

$|y| = \frac{1}{4}(C_1x + C_2)^2$ bzw. besser

$y = C_1(x + C_2)^2$ oder $|y| = (C_1x + C_2)^2$.

Lösen Sie recht sorgfältig die Dgl. $y'' - (y')^3 = 0$ mit $y' \neq 0$.
Es ist nicht erforderlich, die Lösung in expliziter Form anzugeben. -----→ 14B

16C Ihr Ergebnis ist falsch. Sie haben zwar die Dgl. 1. Ordnung richtig gelöst und $z = C_1y$ bzw. $y' = C_1y$ erhalten, haben aber nicht beachtet, daß die verbleibende Dgl. durch "Trennung der Variablen" zu lösen ist.
Rechnen Sie die Aufgabe zu Ende und vergleichen Sie erneut!
-----→ 15A

16D Da Sie die allgemeine Lösung nicht bestimmen konnten, geben wir Ihnen folgenden Hinweis: Nach der Substitution müßten Sie $z''z = 0$ erhalten haben. Daraus ergibt sich

$z'' = 0 \implies z' = C_1$ und

$z = 0 \implies y' = 0$.

Rechnen Sie die Aufgabe noch einmal! -----→ 17C

16E Ihre allgemeine Lösung ist falsch. Sie haben das Integral
$\int \frac{dy}{C_1y + C_2}$ falsch gelöst.

Beginnen Sie mit Ihrer Rechnung an dieser Stelle noch einmal und vergleichen Sie erneut! -----→ 15C

Ihr Ergebnis ist richtig. Besser wäre es, den Faktor $\frac{1}{4}$ mit den Integrationskonstanten zu vereinigen, so daß entsteht **17A**

$$|y| = (K_1 x + K_2)^2 \quad \text{mit} \quad K_1 = \tfrac{1}{2}C_1 \quad \text{und} \quad K_2 = \tfrac{1}{2}C_2 .$$ -----→ 17C

Ihr Ergebnis ist richtig. -----→ 17C **17B**

Bestimmen Sie die allgemeine Lösung der Dgl. $y'y''' = y''^2$. **17C**

<u>Hinweis:</u> In dieser Dgl. fehlen sowohl x als auch y. Daher sind die Substitutionen $y' = z(x)$ und $y' = z(y)$ möglich. Als weitaus günstiger erweist sich die Substitution $y' = z(y)$. -----→ 15C

Ihr Ergebnis ist richtig. Lösen Sie ebenso gewissenhaft die nächste Aufgabe. Bestimmen Sie die allgemeine Lösung der Dgl. **17D**

$$2yy'' = y'^2 .$$ -----→ 15B

Ihr Ergebnis ist richtig. Die Konstanten wurden so weit wie möglich zusammengefaßt, dadurch ist die allgemeine Lösung in einer übersichtlichen Form angegeben worden. **17E**

Zu der eben gelösten Dgl. $y'y''' = y''^2$ ist noch die partikuläre Lösung anzugeben, die den Anfangsbedingungen $y(0) = 2$, $y'(0) = 1$ und $y''(0) = 1$ genügt.
Sie können dazu entweder die allgemeine Lösung zweimal differenzieren, die Anfangsbedingungen einsetzen und aus diesem Gleichungssystem C_1, C_2 und C_3 ermitteln oder die Dgl. noch einmal lösen und nach jeder Integration mit Hilfe der entsprechenden Bedingung eine Konstante ermitteln. Im zweiten Fall können Sie Ihre bereits vorhandene Rechnung teilweise verwenden. -----→ 14C

Ihr Ergebnis ist richtig. Fassen Sie die Konstanten noch weiter zusammen! -----→ 15C **17F**

18A Eine lineare Dgl. n-ter Ordnung

$$a_n(x)y^{(n)} + a_{n-1}(x)y^{(n-1)} + \dots + a_o(x)y = g(x), \quad a_n(x) \not\equiv 0$$

heißt homogen, wenn $g(x) \equiv 0$ ist, andernfalls heißt sie inhomogen. Ist $y_1(x)$ eine bereits bekannte spezielle Lösung der zugehörigen homogenen Dgl., dann führt der Ansatz

$$y = y_1(x) \int z\, dx$$

zur Erniedrigung der Ordnung.

Aus $y = y_1 \int z\, dx$ entsteht durch Differenzieren

$$\begin{aligned}
y' &= y_1' \int z\, dx + y_1 z;\\
y'' &= y_1'' \int z\, dx + 2y_1' z + y_1 z';\\
y''' &= y_1''' \int z\, dx + 3y_1'' z + 3y_1' z' + y_1 z'';\\
&\vdots\\
y^{(n)} &= y_1^{(n)} \int z\, dx + \binom{n}{1} y_1^{(n-1)} z + \binom{n}{2} y_1^{(n-2)} z'\\
&\quad + \dots + \binom{n}{n-1} y_1' z^{(n-2)} + \binom{n}{n} y_1 z^{(n-1)}.
\end{aligned}$$

Nach dem Einsetzen der Ableitungen in die gegebene Dgl. entsteht eine Dgl. von (n-1)-ter Ordnung in z. Als Kontrolle kann an dieser Stelle gelten, daß sich alle Summanden, die ein Integral enthalten, aufheben müssen.

Entscheiden Sie selbst!

Wollen Sie sofort die erste Aufgabe lösen? -----→ 18B

Wollen Sie sich zunächst ein Beispiel ansehen? -----→ 19A

18B Bestimmen Sie die allgemeine Lösung der Dgl.

$xy'' - 2y' + (x + \frac{2}{x})y = 0$, indem Sie zunächst mit Hilfe der speziellen Lösung $y_1 = x \sin x$ die Ordnung der gegebenen Dgl. erniedrigen! -----→ 20B

18C Ihr Ergebnis erfüllt die gegebene Dgl. nicht. Sie haben in Ihrer Rechnung einen Vorzeichenfehler. Korrigieren Sie diesen und versuchen Sie, zum richtigen Ergebnis zu gelangen.

-----→ 20B

Zu bestimmen ist die allgemeine Lösung der Dgl. 2. Ordnung **19A**

$y'' + (\tan x - 2\cot x)y' + 2y\cot^2 x = -\sin x \tan x,\ x \neq \frac{k\pi}{2}$,
k ganz, wenn $y_1 = \sin x$ eine spezielle Lösung der zugehörigen homogenen Dgl. ist.

<u>Lösungsweg:</u> Ansatz: $y = \sin x \int z(x)\,dx$;

$y' = \cos x \int z(x)\,dx + z(x)\sin x$;

$y'' = -\sin x \int z(x)\,dx + 2z(x)\cos x + z'(x)\sin x$;

y, y' und y'' werden in die gegebene Dgl. eingesetzt:

$-\sin x \int z\,dx + 2z\cos x + z'\sin x$

$+ (\tan x - 2\cot x)(\cos x \int z\,dx + z\sin x)$

$+ 2\cot^2 x \sin x \int z\,dx = -\sin x \tan x.$

Die Kontrolle, nach der sich alle Summanden, die ein Integral enthalten, aufheben müssen, zeigt keinen Fehler an.

$\sin x\, z'(x) + \tan x \sin x\, z(x) = -\sin x \tan x$;

$z'(x) = -\tan x\,(1 + z)$. Mit $z \neq -1$ folgt

$\int \frac{dz}{1 + z} = -\int \tan x\,dx.$

$\underline{z = -1 + C_1\cos x}$ ($z \equiv -1$ ist als Spezialfall enthalten).

Dieses Ergebnis für z wird in den Ansatz eingesetzt:

$y = \sin x \int (-1 + C_1\cos x)dx$

$\underline{\underline{y = -x\sin x + C_1\sin^2 x + C_2\sin x}}$ -----→ 18B

Da Sie nicht zum richtigen Ergebnis gelangt sind, vergleichen Sie zunächst die Dgl. nach der Reduktion der Ordnung: **19B**

$z'\sin x + 2z\cos x = 0.$

Haben Sie dieses Zwischenergebnis?

Ja, dann überprüfen Sie Ihre weitere Rechnung und vergleichen Sie erneut! -----→ 20B

Nein, dann beherrschen Sie offensichtlich den Lösungsweg noch nicht und müssen das Beispiel <u>gründlich</u> durcharbeiten.

-----→ 19A

20 A Da Sie zu keinem Ergebnis gelangt sind, geben wir Ihnen einige Hilfen:

- Ansatz zur Erniedrigung der Ordnung

$$y = \frac{x}{1 - x} \int z(x)dx.$$

- Die Dgl. in z(x) lautet

$$z' + \frac{2z}{x(1 - x)} = 0.$$

- Lösen der entstandenen Dgl. durch "Trennung der Variablen".

Rechnen Sie die Aufgabe zu Ende und vergleichen Sie! -----→ 20D

---

20 B Vergleichen Sie!

$y = C_1 x \sin x\ (x - \sin x \cos x + C_2)$ -----→ 18C

$y = K_1 x \sin x + K_2 x \cos x$ -----→ 23F

$y = C_1 x \sin x\ (-\cot x + C_2)$ oder

$y = x \sin x\ (K_1 + K_2 \cot x)$ -----→ 23E

Sie sind zu keinem der angegebenen Ergebnisse gelangt. ---→ 19B

---

20 C Vergleichen Sie!

$y = -C_1 x e^{-x} + C_2 x$ -----→ 22C

$y = -\frac{1}{2} C_1 x^3 + C_2 x$ -----→ 22D

Sie sind zu keinem der angegebenen Ergebnisse gelangt. ---→ 22B

---

20 D Haben Sie:

$y = \frac{C_1}{1 - x} (x^2 - 1 - 2x \ln|x| + C_2 x)$ -----→ 23C

$y = \frac{x}{1 - x} (x - 2 \ln|x| - \frac{1}{x} + C)$ -----→ 23B

Sie sind zu keinem der angegebenen Ergebnisse gelangt. ---→ 20A

Lösungen der Übungsaufgaben:

21A

	Zwischenergebnis	Endergebnis
1.	$\bar{z} = C \cos x$	$y = -x - \frac{1}{2}\sin 2x + C_1 \sin x + C_2$
2.	$\bar{z} = \frac{C}{x}$	$y = \frac{1}{x} + C_1 \ln x + C_2$
3.	$z = -\cos x + C_1$	$y = -x \sin x + C_1 x^2 + C_2 x$
4.	$z = \dfrac{1}{y^2 + C_1}$	$y^3 + C_1 y + C_2 = 3x$
5.	$z = Ce^x$	$y = C_1 x + C_2 x e^x$.
6.	$z^2 = -\frac{1}{y^2} + C$	$C_1 y^2 = 1 + (C_1 x + C_2)^2$.

Wenn Sie diese Aufgaben richtig gelöst haben, dann überprüfen Sie Ihre Leistungen! -----→ 23D

Sind Sie jedoch zu anderen Ergebnissen gelangt, so lösen Sie die entsprechenden Aufgaben noch einmal! -----→ 23A

21B

Ihre Ergänzungen müssen lauten:

$\frac{C_1}{x^3}$ / $C_1 x + C_2 x^3$.

Lösen Sie nun noch einmal die Aufgabe, die Sie erst nicht bewältigen konnten! -----→ 22A

21C

Die richtigen Ergänzungen sind:

$3x^2 \int z(x)dx + x^3 z$ / $6x \int z(x)dx + 6x^2 z + x^3 z'$.

22 A Gesucht ist die allgemeine Lösung der Dgl.

$xy'' + (x - 2)y' + (\frac{2}{x} - 1)y = 0,$

wenn $y_1 = x$ eine spezielle Lösung ist. -----→ 20C

---

22 B Da Sie nicht zum richtigen Ergebnis gelangt sind, rechnen wir mit Ihnen gemeinsam noch eine Aufgabe. Die dabei auftretenden Lücken sind von Ihnen auszufüllen.

$\frac{1}{3}x^2y'' - xy' + y = 0$ mit $y_1 = x^3$.

<u>Lösungsweg:</u> $y = x^3 \int z\,dx$;

$y' =$ _ _ _ _ _ _ _ _ ; $y'' =$ _ _ _ _ _ _ _ _ .

Vergleichen Sie zunächst! --- 21C

y, y' und y" setzen wir in die Ausgangsgleichung ein und erhalten nach Zusammenfassung von einigen Summanden

$x^4z + \frac{1}{3}x^5z' = 0$ bzw. $z' + 3\frac{z}{x} = 0$.

Trennung der Variablen: $z =$ _ _ _ _ _ _ _ _ .

z in $y = x^3 \int z\,dx$ eingesetzt, integriert und zusammengefaßt ergibt

$y =$ _ _ _ _ _ _ _ _ .

Vergleichen Sie, ob Sie die Lücken richtig ausgefüllt haben!

-----→ 21B

---

22 C Ihr Ergebnis ist richtig.
Bestimmen Sie die allgemeine Lösung der Dgl. 2. Ordnung

$x(1 - x)^2y'' = 2y$, $y_1 = \frac{x}{1 - x}$ ist eine spezielle Lösung der Dgl. -----→ 20D

---

22 D Ihr Ergebnis ist falsch. Als Zwischenergebnis haben Sie sicher $\ln|z| = -x + \ln|C|$. Danach ist Ihnen ein Fehler beim "Entlogarithmieren" unterlaufen. Korrigieren Sie diesen und vergleichen Sie erneut! -----→ 20C

23A

Lösen Sie die folgenden Übungsaufgaben:

1. $y'' + y'\tan x = \sin 2x$;
2. $x^3y'' + x^2y' = 1$;
3. $x^2y'' - 2xy' + 2y = x^3\sin x$; $y_1(x) = x$ ist Lösung der zugehörigen homogenen Dgl.
4. $y'' + 2y(y')^3 = 0$;
5. $x^2y'' - x(x + 2)y' + (x + 2)y = 0$; $y_1(x) = x$;
6. $y''y^3 = 1$.

-----→ 21A

23B

Es müßte Ihnen selbst aufgefallen sein, daß dieses Ergebnis falsch ist. Sie sind nämlich von einer Dgl. 2. Ordnung ausgegangen und müßten daher in der allgemeinen Lösung zwei Konstanten haben. Überlegen Sie sich selbst, an welcher Stelle Ihnen ein Fehler unterlaufen ist, korrigieren Sie diesen und vergleichen Sie erneut!

-----→ 20D

23C

Ihr Ergebnis ist richtig. Wollen Sie weitere Übungsaufgaben lösen, bevor Sie sich einer Leistungskontrolle unterziehen?

Ja -----→ 23A

Nein -----→ 23D

23D

Lösen Sie folgende Dgln. (Arbeitszeit 30 Minuten):

1. $y''\tan y - 2y'^2 = 0$;
2. $y'' - (2x + \frac{3}{x})y' + (2 + \frac{3}{x^2})y = -2x^2 - 1$; $y_1 = x$ ist Lösung der zugehörigen homogenen Dgl.
3. $(1 + e^x)y'' + (1 + e^x)y' = 1$.

Vergleichen Sie danach!

-----→ 24B

23E

Ihr Ergebnis ist richtig. Es läßt sich jedoch durch Ausmultiplizieren noch vereinfachen.

-----→ 20B

23F

Ihr Ergebnis ist richtig.

-----→ 22A

24A Lösen Sie die folgenden Dgln. höherer Ordnung durch Erniedrigung der Ordnung!

1. $y'' = e^x$;
2. $y'' - xy' + y = 1$; $y_1 = x$ ist Lösung der zugehörigen homogenen Dgl.
3. $y'' \tan y = 2(y')^2$;
4. $y'' = 1 + y'^2$. Beachten Sie, daß bei dieser Aufgabe die Substitution $y = z(x)$ und auch die Substitution $y = z(y)$ zur Erniedrigung der Ordnung führen. Überlegen Sie, welche der beiden Substitutionen günstiger ist!

Geben Sie die gelösten Hausaufgaben bei Ihrem Betreuer ab!

Damit sind Sie am Ende dieses Programmabschnittes angekommen.

-----→ 26A

24B Lösungen der Aufgaben aus der Leistungskontrolle:

1. Aufgabe:	Punkte
$y' = z(y)$; $y'' = z'(y)z$;	1
$z'z \tan y - 2z^2 = 0$;	
$z'(y) \tan y - 2z(y) = 0$ und $z \neq 0$;	1
$\int \frac{dz}{z} = 2\int \frac{dy}{\tan y}$;	1
$\int \frac{dz}{z} = 2\int \frac{\cos y}{\sin y}dy$;	
$\ln\lvert z\rvert = 2\ln\lvert\sin y\rvert + \ln\lvert C_1\rvert$;	1
$z = C_1 \sin^2 y$;	
$y' = C_1 \sin^2 y$;	1
$\int \frac{dy}{\sin^2 y} = C_1 \int dx$;	1
$\cot y = \bar{C}_1 x + C_2$ mit $\bar{C}_1 = -C_1$;	1
$y = \operatorname{arccot}(C_1 x + C_2)$	1
	8

-----→ 25A

2. Aufgabe: Punkte **25 A**

	Punkte
$y = x \int z\,dx;$	
$y' = xz + \int z\,dx; \quad y'' = 2z + xz';$	1
$2z + xz' - (2x^2 + 3)z = -2x^2 - 1;$	1
$xz' - (1 + 2x^2)z = -2x^2 - 1;$	1
$xz' = (1 + 2x^2)(z - 1);$	1
$\frac{z'}{z - 1} = \frac{1 + 2x^2}{x};$	1
$\ln\lvert z - 1\rvert = \ln\lvert x\rvert + x^2 + \ln\lvert C_1\rvert;$	2
$z = C_1 x e^{x^2} + 1;$	1
$y = x \int (C_1 x e^{x^2} + 1)dx;$	1
$y = x(C_1 e^{x^2} + x + C_2).$	2
	11

3. Aufgabe:

$y' = z(x); \quad y'' = z'(x);$	1
$(1 + e^x)z' + (1 + e^x)z = 1;$	1
$z' + z = \frac{1}{1 + e^x};$	1
$z' + z = 0;$	1
$\bar{z} = C_1 e^{-x};$	1
$z = C_1(x)e^{-x}; \quad z' = -C_1(x)e^{-x} + C_1'(x)e^{-x};$	1
$C_1'(x) = \frac{e^x}{1 + e^x};$	1
$C_1(x) = K_1 + \ln(1 + e^x);$	1
$z = K_1 e^{-x} + e^{-x}\ln(1 + e^x);$	1
$y = -K_1 e^{-x} - e^{-x}\ln(1 + e^x) + \int \frac{dx}{1 + e^x};$	1
$y = -K_1 e^{-x} - e^{-x}\ln(1 + e^x) - \ln(1 + e^{-x}) + K_2$ oder besser	1
$y = -K_1 e^{-x} - e^{-x}\ln(1 + e^x) + \ln\frac{e^x}{1 + e^x} + K_2.$	
	11

Bewerten Sie Ihre Leistungen selbst nach dem Ihnen bekannten Maßstab. Gesamtpunktzahl ist 30 Punkte. -----→ 24A

26 A

In den folgenden Abschnitten werden Sie sich mit linearen Dgln. höherer Ordnung beschäftigen.
Wir wollen Ihnen dazu noch einige allgemeine Hinweise geben.
Eine lineare Dgl. n-ter Ordnung läßt sich auf folgende Normalform bringen:

$$a_n(x)y^{(n)} + a_{n-1}(x)y^{(n-1)} + \ldots + a_1(x)y' + a_0(x)y = g(x)$$

mit $a_n(x) \not\equiv 0$.
Ist $g(x) \equiv 0$, so heißt die Dgl. homogen, sonst heißt sie inhomogen.

Für die Lösung linearer Dgln. höherer Ordnung haben die folgenden zwei Sätze große Bedeutung:

Satz 1: Die homogene Dgl. n-ter Ordnung besitzt genau n voneinander linear unabhängige Lösungen $y_1, \ldots, y_n$, deren Linearkombination die allgemeine Lösung der Dgl. darstellt.

Satz 2: Die allgemeine Lösung der inhomogenen Dgl. n-ter Ordnung ist gleich der Summe aus der allgemeinen Lösung der zugehörigen homogenen und einer speziellen Lösung der inhomogenen Dgl.

Sie werden in Ihrer bisherigen Arbeit gemerkt haben, daß ehrliche, bewußte, selbständige und gewissenhafte Arbeit mit dem programmierten Material zu guten Leistungen führt. Wenn Sie weiterhin nach diesen Grundsätzen handeln, werden Sie auch die kommenden Aufgaben erfolgreich lösen. -----→ 28 A

---

26 B

Haben Sie die allgemeine Lösung der Dgl.

$$y = C_1e^x + C_2e^{-2x}?$$

Ja, -----→ 31 A
Nein, dann beginnen Sie mit der Arbeit von vorn! -----→ 28 A

Für die Dgl. $y''' - 5y'' + 17y' = 13y$ ist die allgemeine Lösung zu bestimmen! **27A**

Lösungsweg:

Die Normalform der gegebenen homogenen Dgl. lautet
$y''' - 5y'' + 17y' - 13y = 0$,
ihre zugehörige charakteristische Gleichung

$\lambda^3 - 5\lambda^2 + 17\lambda - 13 = 0$.

Zur Bestimmung ihrer Lösungen kann eine Lösung durch Probieren gefunden werden: $\lambda_1 = 1$.
Erinnern Sie sich: Falls ganzzahlige Nullstellen existieren, sind diese immer Teiler des absoluten Gliedes.
Durch partielle Division mit $(\lambda - \lambda_1) = (\lambda - 1)$ oder Anwendung des Hornerschen Schemas wird die Ordnung der charakteristischen Gleichung reduziert. Es entsteht

$\lambda^2 - 4\lambda + 13 = 0$ und damit $\lambda_{2,3} = 2 \pm 3j$.

Die charakteristische Gleichung hat eine einfache reelle und zwei einfache zueinander konjugiert komplexe Lösungen.
Die allgemeine Lösung der Dgl. lautet dann nach Fall 4) aus 29 A

$$\underline{\underline{y = C_1 e^x + e^{2x}(C_2 \cos 3x + C_3 \sin 3x)}}.$$

Lösen Sie nun die erste Aufgabe selbständig! -----→ 28 B

Sie müssen als Lösungen der charakteristischen Gleichung **27B**

$\lambda_1 = 1;\ \lambda_2 = 2;\ \lambda_3 = 3$

erhalten haben.
Wenn das nicht der Fall ist, müssen Sie sich in der entsprechenden Literatur mit dieser Thematik beschäftigen, da das Lösen von Gleichungen als bekannt vorausgesetzt wird.
Schreiben Sie nun die zu den Lösungen der charakteristischen Gleichung gehörende allgemeine Lösung der Dgl. auf!

-----→ 30 D

28 A

Homogene lineare Dgln. mit konstanten Koeffizienten lassen sich auf folgende Normalform bringen:

$$a_n y^{(n)} + a_{n-1} y^{(n-1)} + \ldots + a_1 y' + a_o y = 0 \qquad (1)$$
mit $a_n \neq 0$, a_i konstant für alle i

Lösungsweg: Nachdem die gegebene homogene lineare Dgl. auf die Normalform (1) gebracht worden ist, wird die zugehörige charakteristische Gleichung gebildet. Dazu wird der Ansatz

$$y = e^{\lambda x}$$

n-mal differenziert

$y' = \lambda e^{\lambda x}$; $y'' = \lambda^2 e^{\lambda x}$; ...; $y^{(n)} = \lambda^n e^{\lambda x}$

und mit seinen Ableitungen in (1) eingesetzt. Man erhält

$$e^{\lambda x}(a_n\lambda^n + a_{n-1}\lambda^{n-1} + \ldots + a_1\lambda + a_o) = 0$$

und durch Division mit $e^{\lambda x}$ (da $e^{\lambda x} \neq 0$ für alle λ und für alle x) die charakteristische Gleichung

$$a_n\lambda^n + a_{n-1}\lambda^{n-1} + \ldots + a_1\lambda + a_o = 0. \qquad (2)$$

Beim Vergleich von (1) und (2) wird sichtbar, daß (2) sofort aus (1) aufgeschrieben werden kann.

Aus der charakteristischen Gleichung werden die Lösungen $\lambda_1, \ldots, \lambda_n$ ermittelt.

Danach läßt sich die allgemeine Lösung der Dgl. (1) angeben.

Dazu werden vier Fälle unterschieden. -----→ 29 A

---

28 B

Bestimmen Sie die allgemeine Lösung der Dgl.

$$y''' - 6y'' + 11y' - 6y = 0.$$

Vergleichen Sie! -----→ 30 C

1. Alle Lösungen von (2) sind reell und voneinander verschieden: **29 A**

$\lambda_1, \lambda_2, \ldots, \lambda_n$.

Die allgemeine Lösung von (1) lautet dann:

$y = C_1 e^{\lambda_1 x} + C_2 e^{\lambda_2 x} + \ldots + C_n e^{\lambda_n x}$.

2. In (2) treten mehrfache reelle Lösungen auf (im vorliegenden Fall eine k-fache Lösung):

$\lambda_1 = \lambda_2 = \lambda_3 = \ldots = \lambda_k; \quad \lambda_{k+1}, \ldots, \lambda_n$.

Dann lautet die allgemeine Lösung von (1)

$$y = (C_1 + C_2 x + C_3 x^2 + \ldots C_k x^{k-1}) e^{\lambda_1 x}$$
$$+ C_{k+1} e^{\lambda_{k+1} x} + \ldots + C_n e^{\lambda_n x}.$$

3. Alle Lösungen von (2) sind einfach, je zwei zueinander konjugiert komplex:

$\lambda_{1,2} = a_1 \pm b_1 j; \quad \lambda_{3,4} = a_3 \pm b_3 j; \ldots;$

$\lambda_{n-1,n} = a_{n-1} \pm b_{n-1} j; \quad$ n gerade.

Die allgemeine Lösung von (1) lautet:

$$y = e^{a_1 x}(C_1 \cos b_1 x + C_2 \sin b_1 x) + e^{a_3 x}(C_3 \cos b_3 x$$
$$+ C_4 \sin b_3 x) + \ldots + e^{a_{n-1} x}(C_{n-1} \cos b_{n-1} x + C_n \sin b_{n-1} x).$$

4. Kombination dieser drei Fälle:

$\lambda_1, \ldots, \lambda_k; \lambda_{k+1} = \lambda_{k+2} = \ldots = \lambda_l; \lambda_{l+1,l+2} = a_{l+1} \pm b_{l+1} j;$

$\ldots; \lambda_{n-1,n} = a_{n-1} \pm b_{n-1} j$.

Dann lautet die allgemeine Lösung von (1)

$$y = C_1 e^{\lambda_1 x} + \ldots + C_k e^{\lambda_k x} + (C_{k+1} + C_{k+2} x + \ldots$$
$$+ C_l x^{l-1}) e^{\lambda_{k+1} x} + e^{a_{l+1} x}(C_{l+1} \cos b_{l+1} x + C_{l+2} \sin b_{l+1} x)$$
$$+ \ldots + e^{a_{n-1} x}(C_{n-1} \cos b_{n-1} x + C_n \sin b_{n-1} x).$$

Wenn Sie glauben, den Lösungsweg zu beherrschen, dann versuchen Sie, die erste Aufgabe zu lösen. -----→ 28 B

Wollen Sie sich vorher noch ein Beispiel ansehen? -----→ 27 A

30 A Ihr Ergebnis ist falsch.
Das hätten Sie selbst merken müssen, da die allgemeine Lösung einer Dgl. vierter Ordnung vier Konstanten enthalten muß.
Die charakteristische Gleichung ist eine biquadratische Gleichung, die vier Lösungen besitzt. Korrigieren Sie Ihren Fehler und vergleichen Sie! -----→ 33 A

---

30 B Ihr Ergebnis ist falsch.
Das charakteristische Polynom besitzt eine reelle und zwei komplexe Nullstellen.
Lösen Sie die Aufgabe noch einmal! -----→ 31 D

---

30 C Haben Sie als Lösung

$$y = C_1e^x + C_2e^{2x} + C_3e^{3x}$$

erhalten?

Ja, dann haben Sie erfolgreich gearbeitet. -----→ 31 A

Nein, dann sind Sie nicht zur Lösung gelangt.
Wir wollen den Fehler ergründen. Vergleichen Sie die zugehörige charakteristische Gleichung mit der angegebenen!
Haben Sie

$$\lambda^3 - 6\lambda^2 + 11\lambda - 6 = 0$$

erhalten?
Ja, das ist richtig. Bestimmen Sie die Lösungen dieser Gleichung! -----→ 27 B
Nein, dann können Sie die Theorie noch nicht anwenden und müssen deshalb mit der Arbeit nochmals von vorn beginnen. -----→ 28 A

---

30 D Ihre allgemeine Lösung muß

$$y = C_1e^x + C_2e^{2x} + C_3e^{3x}$$

lauten. Haben Sie das?

Ja -----→ 31 B
Nein -----→ 32 C

31 A

Zu lösen ist nun die Dgl.

$$y^{(4)} - 5y'' + 4y = 0.$$

-----→ 33 A

---

31 B

Bestimmen Sie noch die allgemeine Lösung der Dgl.

$$y'' + y' - 2y = 0.$$

-----→ 26 B

---

31 C

Ihr Ergebnis ist richtig.
Bestimmen Sie nun die partikuläre Lösung der Dgl.

$y'' - 2y' = 0$ mit $y(0) = 1$ und $y'(0) = 1$.

-----→ 33 B

---

31 D

Zu ermitteln ist die allgemeine Lösung der Dgl.

$$y''' - 2y'' + 4y' - 8y = 0.$$

-----→ 33 C

---

31 E

Ihr Ergebnis ist richtig.

-----→ 31 D

---

31 F

Sie haben die Aufgabe noch nicht bis zum Ende gerechnet, sondern nur die allgemeine Lösung der Dgl. bestimmt. Wenn Sie nun noch die Anfangsbedingungen $y(0) = 1$ und $y'(0) = 1$ einsetzen und die Konstanten berechnen, werden Sie zur Lösung dieser Aufgabe gelangen.

-----→ 33 B

---

31 G

Ihr Ergebnis ist falsch.
Dieses Ergebnis würde bedeuten, daß das charakteristische Polynom zwei doppelte Nullstellen enthält. Das ist aber hier nicht der Fall.
Lösen Sie die Aufgabe noch einmal!

-----→ 31 A

32 A Ihr Ergebnis ist falsch.
Da die allgemeine Lösung einer Dgl. vierter Ordnung vier Konstanten enthalten muß, fehlt in Ihrem Ergebnis noch ein Summand.
Berichtigen Sie diesen Fehler und vergleichen Sie erneut!

-----→ 34 B

---

32 B Die Lösung der Dgl. lautet

$$y = (C_1 + C_2 x + C_3 x^2)e^{3x} + C_4 e^{-x}.$$ -----→ 32 D

Haben Sie ein anderes Ergebnis ermittelt? -----→ 34 A

---

32 C Ihr Ergebnis ist falsch.
Die allgemeine Lösung ist Linearkombination der speziellen linear unabhängigen Lösungen, die sich aus den Lösungen der charakteristischen Gleichung ergeben. Für die vorliegende Dgl. ist das nach Fall 1 aus 29 A

$$y = C_1 e^{\lambda_1 x} + C_2 e^{\lambda_2 x} + C_3 e^{\lambda_3 x}.$$

Setzen Sie die Werte ein! -----→ 30 D

---

32 D Ermitteln Sie nun die allgemeine Lösung der Dgl.

$$y^{(4)} + 2y'' + 8y' + 5y = 0.$$ -----→ 34 B

---

32 E Sie müßten ergänzt haben

1 / 1 / 1 / -2.

Bearbeiten Sie die Aufgabe weiter!

---

32 F Ihre Ergänzungen müssen lauten

1 / -1 / 2 / -2.

Welches Ergebnis haben Sie ermittelt? **33 A**

$y = (C_1 + C_2x)e^x + (C_3 + C_4x)e^{2x}$ -----→ 31 G

$y = C_1e^x + C_2e^{-x} + C_3e^{2x} + C_4e^{-2x}$ -----→ 31 C

$y = C_1e^x + C_2e^{4x}$ -----→ 30 A

Sie sind zu keinem der angegebenen Ergebnisse gelangt. -----→ 35 A

Haben Sie als Ergebnis **33 B**

$y = \frac{1}{2}(e^{2x} + 1)$ -----→ 31 E

$y = C_1 + C_2e^{2x}$ -----→ 31 F

Sie sind zu keinem der angegebenen Ergebnisse gelangt. -----→ 34 E

Haben Sie als Ergebnis **33 C**

$y = C_1e^{2x} + C_2\cos 2x + C_3\sin 2x$ -----→ 34 C

$y = (C_1 + C_2x + C_3x^2)e^{2x}$ -----→ 30 B

$y = C_1e^{2x} + e^{0x}(C_2\cos 2x + C_3\sin 2x)$ -----→ 35 C

eine andere Gleichung oder sind Sie zu keinem Ergebnis gekommen? -----→ 35 B

Als richtiges Ergebnis haben Sie sicher **33 D**

$y = C_1\cos 2x + C_2\sin 2x$

erhalten. Rechnen Sie nun die bereits begonnene Aufgabe noch einmal. -----→ 31 D

Sollten Sie jedoch nicht zu dieser Lösung gelangt sein, so informieren Sie sich noch einmal im Abschnitt 29 A über die Gestalt der allgemeinen Lösung, wenn das charakteristische Polynom konjugiert komplexe Nullstellen besitzt, und korrigieren Sie Ihren Fehler! ----- 29 A

34A Sie sind nicht zur Lösung der Dgl. gelangt. Anhand der Dgl.

$$y^{(4)} - y''' - 3y'' + 5y' - 2y = 0$$

soll Ihnen noch einmal das Lösungsprinzip erläutert werden.
Es entsteht die charakteristische Gleichung

$$\lambda^4 - \lambda^3 - 3\lambda^2 + 5\lambda - 2 = 0.$$

Die Lösungen der charakteristischen Gleichung lauten:

λ_1 = _ _ _ ; λ_2 = _ _ _ ; λ_3 = _ _ _ ; λ_4 = _ _ _ .

----- 32 E

Damit ist die Lösung der Dgl. y = _ _ _ _ _ _ _ . -----→ 36 D

34B Haben Sie

$y = (C_1 + C_2x + C_3\cos 2x + C_4\sin 2x)e^x$ -----→ 37 D

$y = (C_1 + C_2x)e^{-x} + (C_3\cos 2x + C_4\sin 2x)e^x$ -----→ 36 C

$y = C_1e^{-x} + (C_2\cos 2x + C_3\sin 2x)e^x$ -----→ 32 A

ein anderes als die genannten Ergebnisse? -----→ 36 A

34C Sie haben richtig gerechnet. -----→ 34 D

34D Lösen Sie jetzt die Dgl. $y^{(4)} - 8y''' + 18y'' - 27y = 0.$

-----→ 32 B

34E Da Sie mit der Aufgabe nicht zurecht gekommen sind, geben wir Ihnen einige Hinweise:

- Lösungen der charakteristischen Gleichung $\lambda^2 - 2\lambda = 0$ sind $\lambda_1 = 0$; $\lambda_2 = 2$.
- Allgemeine Lösung der Dgl.: $y = C_1 + C_2e^{2x}$; $(e^{0x} = 1)$.
- Zur Bestimmung von C_1 und C_2 werden die Anfangsbedingungen $y(0) = 1$ und $y'(0) = 1$ in die allgemeine Lösung der Dgl. und deren erste Ableitung eingesetzt.

Vergleichen Sie! -----→ 33 B

Da Sie mit der Aufgabe nicht zurecht gekommen sind, geben wir Ihnen einige Hinweise: **35A**

- charakteristische Gleichung:
  $\lambda^4 - 5\lambda^2 + 4 = 0$ (biquadratische Gleichung).
- Nach Substitution $\lambda^2 = t$ folgt $t^2 - 5t + 4 = 0$ und daraus $t_1 = 1$; $t_2 = 4$. Damit erhält man $\lambda_1 =$ ___ ; $\lambda_2 =$ ___ ; $\lambda_3 =$ ___ ; $\lambda_4 =$ ___ . ----- 32 F

Rechnen Sie diese Aufgabe zu Ende. Schauen Sie sich im Lehrschritt 29 A gegebenenfalls noch einmal an, wie sich die allgemeine Lösung der Dgl. zusammensetzt.
Vergleichen Sie danach! ---- 29 A -----→ 33 A

Sie waren nicht in der Lage, die Aufgabe zu lösen. Anhand einer ähnlichen Aufgabe wollen wir Ihnen einige Hinweise geben. Zu bestimmen ist die allgemeine Lösung der Dgl. **35B**

$$y''' + y'' + 16y' + 16y = 0.$$

Die charakteristische Gleichung lautet

$$\lambda^3 + \lambda^2 + 16\lambda + 16 = 0$$

oder $\lambda^2(\lambda + 1) + 16(\lambda + 1) = 0$,
also $(\lambda + 1)(\lambda^2 + 16) = 0$.
Lösungen der charakteristischen Gleichung sind:

$$\lambda_1 = -1;\ \lambda_2 = 4j;\ \lambda_3 = -4j.$$

Laut 29 A Fall 4 setzt sich die allgemeine Lösung folgendermaßen zusammen (wobei a = 0 ist):

$$\underline{\underline{y = C_1e^{-x} + C_2\cos 4x + C_3\sin 4x.}}$$

Jetzt sind Sie sicher in der Lage, die allgemeine Lösung der Dgl. $y'' + 4y = 0$ zu bestimmen. -----→ 33 D

Ihr Ergebnis ist richtig. Beachten Sie aber noch, daß $e^{0x} = e^0 = 1$ ist. Vergleichen Sie erneut! -----→ 33 C **35C**

36A Sie sind zu keinem der genannten Ergebnisse gekommen. Wir wollen Ihnen helfen, zur Lösung dieser Dgl. zu gelangen.

- Die charakteristische Gleichung lautet

  $\lambda^4 + 2\lambda^2 + 8\lambda + 5 = 0.$

- Eine Nullstelle des charakteristischen Polynoms ist $\lambda_1 = -1.$
- Nach partieller Division durch $(\lambda + 1)$ erhalten Sie

  $\lambda^3 - \lambda^2 + 3\lambda + 5 = 0.$

- Bestimmen Sie die Lösungen dieser Gleichung!
- Formulieren Sie aus den vier Nullstellen die allgemeine Lösung der Dgl.! -----→ 34 B

36B Lösen Sie die folgenden Übungsaufgaben:

1. $y'' + 2y' + y = 0$ mit $y(0) = 1;\ y'(0) = 0,$
2. $y''' + 2y'' + y' = 0,$
3. $y''' - 6y'' + 12y' - 8y = 0,$
4. $y^{(4)} - 16y = 0.$

Vergleichen Sie! -----→ 38 B

36C Sie sind zur Lösung dieser Dgl. gelangt.
Zu bestimmen ist nun die partikuläre Lösung der Dgl.

$$y'' + y = 0 \quad \text{mit} \quad y(0) = 1 \quad \text{und} \quad y'(0) = -1.$$

Überprüfen Sie Ihr Ergebnis! -----→ 38 C

36D Sie müßten ergänzt haben

$$(C_1 + C_2x + C_3x^2)e^x + C_4e^{-2x}.$$

Rechnen Sie nun die von Ihnen angefangene Aufgabe noch einmal! -----→ 34 D

37 A

Sie haben richtig gerechnet.
Wenn Sie ohne Schwierigkeiten die Aufgaben dieses Abschnittes bewältigt haben, können Sie Ihre Leistungen überprüfen.

-----→ 37 B

Sollten Sie über mehrere Hilfen bis hierher gelangt sein, dann lösen Sie erst noch einige Übungsaufgaben. -----→ 36 B

---

37 B

Leistungskontrolle (15 Min.):
Lösen Sie die folgenden Aufgaben!

1. $y'' + 2y' + 5y = 0$ mit $y(0) = 0$; $y'(0) = 2$.
2. $y^{(4)} + 3y''' = 0$. -----→ 39 A

---

37 C

Ihr Ergebnis ist falsch.
Als Lösungen der charakteristischen Gleichung müßten Sie $\lambda_{1,2} = \pm j$ erhalten haben. Überlegen Sie sich, wie in diesem Fall die allgemeine Lösung der Dgl. aussieht. Die partikuläre Lösung zu bestimmen, wird Ihnen dann nicht mehr schwer fallen.
Wir hatten $y(0) = 1$ und $y'(0) = -1$.
Vergleichen Sie erneut! -----→ 38 C

---

37 D

Ihr Ergebnis ist falsch.
Die doppelte Nullstelle ist nicht $\lambda = 1$.
Korrigieren Sie diesen Fehler, und vergleichen Sie erneut! -----→ 34 B

38 A Sie sind mit der Aufgabe nicht zurecht gekommen.

Die allgemeine Lösung lautet $y = C_1 \cos x + C_2 \sin x$.
Sollten Sie Schwierigkeiten beim Einsetzen der Anfangsbedingungen gehabt haben, so schauen Sie sich die Hinweise, die in 34 E gegeben wurden, noch einmal genau an!
Wir hoffen, Sie haben Ihren Fehler gefunden und korrigiert.

---- 34 E -----→ 38 C

---

38 B Lösungen der Übungsaufgaben:

Lösungen der char. Gleichung	Lösung der Dgl.
A 1. $\lambda_1 = \lambda_2 = -1$	$y = e^{-x}(1 + x)$
A 2. $\lambda_1 = 0;\ \lambda_{2,3} = -1$	$y = C_1 + e^{-x}(C_2 + C_3x)$
A 3. $\lambda_1 = \lambda_2 = \lambda_3 = 2$	$y = (C_1 + C_2x + C_3x^2)e^{2x}$
A 4. $\lambda_1 = 2;\ \lambda_2 = -2;$ $\lambda_{3,4} = \pm 2j$	$y = C_1e^{2x} + C_2e^{-2x}$ $+ C_3\cos 2x + C_4\sin 2x.$

Wenn Sie diese Aufgaben richtig gerechnet haben, dann überprüfen Sie nun Ihre Leistungen! -----→ 37 B

Sind Sie jedoch zu anderen Ergebnissen gelangt, so lösen Sie die entsprechenden Aufgaben noch einmal! -----→ 36 B

---

38 C Welches Ergebnis haben Sie erhalten?

$y = \cos x - \sin x$ -----→ 37 A

$y = e^{-x}$ -----→ 37 C

Sie haben kein oder ein anderes Ergebnis. -----→ 38 A

Auswertung der Leistungskontrolle: Punkte **39 A**

1. $y'' + 2y' + 5y = 0$; $y(0) = 0$, $y'(0) = 2$.

   Charakteristische Gleichung: $\lambda^2 + 2\lambda + 5 = 0$. 1

   Lösungen der char. Gleichung: $\lambda_{1,2} = -1 \pm 2j$. 1

   Allgemeine Lösung der Dgl.:

   $y = e^{-x}(C_1 \cos 2x + C_2 \sin 2x)$. 2

   Einsetzen der Anfangsbed.: $0 = C_1$

   $2 = -C_1 + 2C_2$. 1

   $C_1 = 0$; $C_2 = 1$. 1

   Partikuläre Lösung: $y = e^{-x}\sin 2x$. 1

2. $y^{(4)} + 3y''' = 0$.

   Charakteristische Gleichung: $\lambda^4 + 3\lambda^3 = 0$. 1

   Lösungen der char. Gleichung: $\lambda_1 = \lambda_2 = \lambda_3 = 0$;

   $\lambda_4 = -3$. 2

   Allgemeine Lösung der Dgl.:

   $y = C_1 + C_2x + C_3x^2 + C_4e^{-3x}$. 2

   Summe: 12

Bewerten Sie Ihre Leistungen nach dem Ihnen bekannten Bewertungsmaßstab!

Wir hoffen, daß Sie sehr gute Leistungen erreichten und sich die Note 1 geben konnten.

Damit sind Sie am Ende des Kapitels "Homogene Differentialgleichungen mit konstanten Koeffizienten" angelangt.
Bei der Bewältigung der nächsten Kapitel wünschen wir Ihnen weiterhin viel Erfolg. -----→ 40 A

40 A Inhomogene lineare Differentialgleichungen mit konstanten Koeffizienten

Eine inhomogene lineare Dgl. mit konstanten Koeffizienten hat die Form

$$\boxed{a_n y^{(n)} + a_{n-1} y^{(n-1)} + \ldots + a_2 y'' + a_1 y' + a_0 y = g(x)} \qquad (1)$$

mit $a_n \neq 0$ und a_i konstant für $i = 0,1,2,\ldots,n$. $g(x)$ heißt Störfunktion.

Ist $g(x) \equiv 0$, so entsteht aus (1) die Ihnen schon bekannte homogene lineare Dgl. n-ter Ordnung mit konstanten Koeffizienten:

$$a_n y^{(n)} + a_{n-1} y^{(n-1)} + \ldots + a_2 y'' + a_1 y' + a_0 y = 0, \quad a_n \neq 0. \qquad (2)$$

Im folgenden werden wir uns mit inhomogenen Dgln. beschäftigen, d.h. $g(x) \not\equiv 0$.

Der Satz "Die allgemeine Lösung einer inhomogenen linearen Dgl. mit konstanten Koeffizienten ist gleich der Summe aus der allgemeinen Lösung $\bar{y}(x)$ der zugehörigen homogenen Dgl. und einer beliebigen speziellen Lösung $\eta(x)$ der inhomogenen Dgl.",

auf den schon in 26 A hingewiesen wurde, gibt das Lösungsprinzip einer inhomogenen linearen Dgl. mit konstanten Koeffizienten an.

Wir lösen erst die zu (1) gehörende homogene Dgl. (2) nach dem im vorhergehenden Abschnitt behandelten Verfahren und erhalten

$$\bar{y}(x) = C_1 y_1(x) + C_2 y_2(x) + \ldots + C_n y_n(x).$$

Danach bestimmen wir eine spezielle Lösung $\eta(x)$ der inhomogenen Dgl.

Die allgemeine Lösung der inhomogenen Dgl. n-ter Ordnung mit konstanten Koeffizienten ist dann

$$y(x) = \bar{y}(x) + \eta(x).$$

Um eine solche spezielle Lösung $\eta(x)$ zu ermitteln, wollen wir die Methode des Ansatzes mit unbestimmten Koeffizienten verwenden, die nur für bestimmte Störfunktionen anwendbar ist. Dazu sind gewisse Fälle der Störfunktion $g(x)$ zu unterscheiden.

-----→ 41 A

41 A

Betrachten wir zunächst den Fall, daß die Störfunktion g(x) ein Produkt aus einer Exponentialfunktion und einem Polynom vom Grade m sei:

$$\boxed{g(x) = (b_0 + b_1 x + \ldots + b_m x^m)e^{\alpha x}; \quad \alpha \text{ reell}} \ . \qquad (3)$$

Entsprechend dieser Störfunktion bilden wir den Ansatz

$$\boxed{\eta(x) = (B_0 + B_1 x + \ldots + B_m x^m)e^{\alpha x}x^r} \ . \qquad (4)$$

Ist α aus (3) keine Lösung der charakteristischen Gleichung, so ist $r = 0$ zu setzen. Ist α Lösung der charakteristischen Gleichung, so ist r gleich der Vielfachheit dieser Lösung α zu setzen. Die B_i mit $i = 0, 1, 2, \ldots, m$ sind die unbestimmten Koeffizienten. -----→ 41 B

---

41 B

Zur Bestimmung einer speziellen Lösung $\eta(x)$ der inhomogenen Dgl. nach der Methode des Ansatzes mit unbestimmten Koeffizienten benutzen wir folgenden

Lösungsweg:

- Aufstellen des Ansatzes, (z.B. (4) aus 41 A),
- n-maliges Differenzieren des Ansatzes (n ist die Ordnung der gegebenen Dgl.),
- Einsetzen des Ansatzes und seiner Ableitungen in die Dgl.,
- Ermittlung der Werte für die unbestimmten Koeffizienten durch Koeffizientenvergleich,
- Einsetzen dieser Werte in $\eta(x)$. -----→ 42 A

---

41 C

Aus g(x) lesen wir $\alpha = 2$ ab, das ist nicht Lösung der charakteristischen Gleichung, also wird $r = 0$, und der Ansatz lautet

$$\eta(x) = (B_0 + B_1 x + B_2 x^2)e^{2x}.$$

Haben Sie diesen Ansatz, dann bilden Sie die Ableitungen und setzen Sie den Ansatz und seine Ableitungen in die gegebene Dgl. ein. -----→ 43 A

Sonst ergründen Sie Ihren Fehler und vergleichen Sie erneut mit dem angegebenen Ansatz!

42 A

Zu lösen ist die inhomogene lineare Dgl. 2. Ordnung mit konstanten Koeffizienten $y'' - 3y' + 2y = e^{3x}(x^2 + x)$.

Lösungsweg:

a) Die Lösung der zugehörigen homogenen Dgl. ist
$\bar{y} = C_1e^x + C_2e^{2x}$, denn $\lambda_1 = 1$ und $\lambda_2 = 2$.

b) Bestimmung einer speziellen Lösung der inhomogenen Gleichung.
Zum Aufstellen des Ansatzes lesen wir aus der Störfunktion der gegebenen Dgl. $g(x) = e^{3x}(x^2 + x)$ ab:
$\alpha = 3$ und $m = 2$. $\alpha = 3$ ist nicht Lösung der charakteristischen Gleichung, also wird $r = 0$ gesetzt und der Ansatz lautet nach (4) aus 41 A:

$$\eta(x) = (B_0 + B_1x + B_2x^2)e^{3x}x^0 \quad \text{bzw.}$$

$$\eta(x) = (B_0 + B_1x + B_2x^2)e^{3x}.$$

Beachten Sie dabei, daß im Ansatz stets ein vollständiges Polynom m-ten Grades aufgeschrieben wird, auch wenn das Polynom in $g(x)$ unvollständig ist!

Berechnen Sie jetzt die benötigten Ableitungen von $\eta(x)$, die Werte für die B_i und die allgemeine Lösung der Dgl. selbständig!

-----→ 44 A

---

42 B

Ihr Ergebnis ist falsch.
Haben Sie die allgemeine Lösung der zugehörigen homogenen Dgl.

$$\bar{y} = C_1e^{6x} + C_2e^{-4x}?$$

Ja, so vergleichen Sie α, r und den Ansatz! -----→ 41 C

Nein, dann müssen Sie den Programmabschnitt "Homogene Differentialgleichungen mit konstanten Koeffizienten" noch einmal durcharbeiten. -----→ 28 A

---

42 C

Sie sind nicht in der Lage, die erforderlichen Ansätze aufzustellen. Arbeiten Sie deshalb 41 A noch einmal gründlich durch, und lösen Sie dann die bereits begonnene Aufgabe!

---- 41 A -----→ 43 C

Als Ableitungen erhalten Sie mittels der Produkt- und Kettenregel **43 A**

$$\eta'(x) = (2B_0 + B_1 + 2B_1x + 2B_2x + 2B_2x^2)e^{2x},$$

$$\eta''(x) = (4B_0 + 4B_1 + 2B_2 + 4B_1x + 8B_2x + 4B_2x^2)e^{2x}.$$

Diese werden mit $\eta(x)$ in die gegebene Dgl. eingesetzt, es wird zusammengefaßt und durch e^{2x} dividiert. Sie erhalten

$$-24B_0 + 2B_1 + 2B_2 + (4B_2 - 24B_1)x - 24B_2x^2 = \frac{7}{12} - 6x.$$

Durch Koeffizientenvergleich ergibt sich:

B_0 = _ _ _ _ _ , B_1 = _ _ _ _ _ , B_2 = _ _ _ _ _ .

Diese Werte werden in $\eta(x)$ eingesetzt:

$\eta(x)$ = _ _ _ _ _ _ _ _ _ _ _ _ .

Als Ergebnis erhalten Sie

$y(x) = \bar{y}(x) + \eta(x)$ = _ _ _ _ _ _ _ _ _ _ _ _ _ _ _ _ _ .

Vergleichen Sie! -----→ 45 B

Haben Sie als allgemeine Lösung der inhomogenen Dgl. **43 B**

$$y = (C_1 + C_2x)e^{2x} + 2 + 3x + 2x^2$$

erhalten?

Ja, dann haben Sie sorgfältig gearbeitet. -----→ 43 C

Nein, dann haben Sie einen elementaren Rechenfehler begangen. Prüfen Sie Ihre Rechnung nach und verbessern Sie Ihren Fehler! Vergleichen Sie erneut mit dem oben angegebenen Ergebnis!

Gegeben ist die Dgl. $y'' - 3y' - 4y = x^3$. **43 C**

Bestimmen Sie den Ansatz zur Ermittlung einer speziellen Lösung der inhomogenen Dgl.! Vergleichen Sie! -----→ 45 D

Ihr Ansatz ist falsch. Beachten Sie, daß das Polynom jeweils in allgemeiner Form angesetzt wird! Überprüfen Sie Ihre Überlegungen noch einmal und vergleichen Sie erneut! -----→ 45 D **43 D**

44 A Die allgemeine Lösung ist

$$y = C_1 e^x + C_2 e^{2x} + (1 - x + \frac{1}{2}x^2)e^{3x}.$$

Haben Sie das erhalten?

Ja -----→ 44 B

Nein, so schauen Sie sich bitte den folgenden Lösungsweg genau an! Die Ableitungen für $\eta(x)$ sind

$$\eta'(x) = (3B_0 + B_1 + 3B_1x + 2B_2x + 3B_2x^2)e^{3x},$$

$$\eta''(x) = (9B_0 + 6B_1 + 2B_2 + 9B_1x + 12B_2x + 9B_2x^2)e^{3x}.$$

Den Ansatz und seine Ableitungen in die gegebene Dgl. für y, y' und y" eingesetzt und durch e^{3x} dividiert ergibt

$$9B_0 + 6B_1 + 2B_2 + 9B_1x + 12B_2x + 9B_2x^2 - 3(3B_0 + B_1 + 3B_1x + 2B_2x + 3B_2x^2) + 2(B_0 + B_1x + B_2x^2) = x^2 + x.$$

Koeffizientenvergleich

$$\text{bei } x^2: \quad 2B_2 = 1, \quad \Longrightarrow \quad B_2 = \frac{1}{2},$$

$$\left.\begin{array}{ll}\text{bei } x^1: & 2B_1 + 6B_2 = 1, \\ \text{bei } x^0: & 2B_0 + 3B_1 + 2B_2 = 0,\end{array}\right\} \Longrightarrow \begin{array}{l} B_1 = -1, \\ B_0 = 1. \end{array}$$

Für $\eta(x)$ erhalten wir $\eta(x) = (1 - x + \frac{1}{2}x^2)e^{3x}$.

Als allgemeine Lösung der Dgl. ergibt sich

$$y = C_1 e^x + C_2 e^{2x} + (1 - x + \frac{1}{2}x^2)e^{3x}.$$

Nachdem Sie diesen Programmschritt gewissenhaft durchgearbeitet haben, müßten Sie in der Lage sein, die erste Aufgabe selbständig zu lösen. -----→ 44 B

---

44 B Bestimmen Sie die allgemeine Lösung von

$$y'' - 2y' - 24y = (\frac{7}{12} - 6x^2)e^{2x}.$$

Vergleichen Sie! -----→ 46 A

---

44 C Ihr Ansatz ist richtig. Überprüfen Sie Ihren Rechenweg auf Rechenfehler und vergleichen Sie erneut! -----→ 47 D

Sie haben einen falschen Ansatz gewählt. Obwohl in der Störfunktion der lineare Summand fehlt, muß er im Ansatz berücksichtigt werden. Lösen Sie die Aufgabe noch einmal! **45 A**

-----→ 44 B

Sie mußten einsetzen: **45 B**

$0 \;/\; \frac{1}{24} \;/\; \frac{1}{4} \;/\; (\frac{1}{4}x^2 + \frac{1}{24}x)e^{2x} \;/\; C_1e^{6x} + C_2e^{-4x} + (\frac{1}{4}x^2 + \frac{1}{24}x)e^{2x}$.

Korrigieren Sie Ihre eventuellen Fehler! Lösen Sie jetzt die folgende Aufgabe selbständig! Arbeiten Sie dabei konzentriert und gewissenhaft!

Zu bestimmen ist die allgemeine Lösung der Dgl.

$$y'' - 2y' - 24y = (x + 1)e^x.$$

Überprüfen Sie! -----→ 46 B

Sie haben die Aufgabe nicht bewältigt. Wir geben Ihnen deshalb einige Zwischenergebnisse. **45 C**

Als allgemeine Lösung der homogenen Gleichung haben Sie sicher erhalten

$$\bar{y} = e^{2x}(C_1 + C_2x).$$

g(x) können wir uns geschrieben denken als

$$g(x) = (8x^2 - 4x)e^{0x},$$

also ist $\alpha = 0$. $\alpha = 0$ ist keine Nullstelle des charakteristischen Polynoms, d.h. aber $r = 0$.

Ansatz: $\eta(x) = B_0 + B_1x + B_2x^2$.

Ermitteln Sie die allgemeine Lösung der inhomogenen Gleichung jetzt selbständig! -----→ 43 B

Lautet Ihr Ansatz **45 D**

$\eta(x) = B_3x^3$ -----→ 43 D

$\eta(x) = B_0 + B_1x + B_2x^2 + B_3x^3$ -----→ 49 B

$\eta(x) = (B_0 + B_1x + B_2x^2 + B_3x^3)x$ -----→ 47 A

Sie haben keinen der angegebenen Ansätze. -----→ 42 C

46 A Haben Sie erhalten

$y = C_1e^{6x} + C_2e^{-4x} + (\frac{1}{4}x^2 - \frac{1}{288})e^{2x}$ -----→ 48 C

$y = C_1e^{6x} + C_2e^{-4x} + (\frac{1}{4}x^2 + \frac{1}{24}x)e^{2x}$ -----→ 48 A

$y = C_1e^{6x} + C_2e^{-4x} - \frac{7}{288}e^{2x}$ -----→ 48 D

Sie sind nicht weitergekommen, da Ihr Gleichungssystem einen Widerspruch enthält. -----→ 45 A

Sie haben keines der Ergebnisse. -----→ 42 B

---

46 B Die allgemeine Lösung ist

$y = C_1e^{6x} + C_2e^{-4x} - (\frac{1}{25}x + \frac{1}{25})e^{x}$.

Sind Sie zu diesem Ergebnis gekommen?

Ja -----→ 48 B

Nein, dann ist Ihnen wieder ein Fehler unterlaufen.
Da Sie bis jetzt noch keine Aufgabe selbständig lösen konnten, ist es erforderlich, daß Sie sich noch einmal mit den Grundlagen beschäftigen. -----→ 40 A

---

46 C Sie haben

$y = (C_1 + C_2x)e^{2x} + x + 2x^2$ oder

$y = (C_1 + C_2x)e^{2x} + 3x + 2x^2$ -----→ 48 E

$y = (C_1 + C_2x)e^{2x} + \frac{1}{3}x + \frac{2}{3}x^2$ -----→ 48 F

$y = (C_1 + C_2x)e^{2x} + 2 + 3x + 2x^2$ -----→ 49 B

kein oder ein anderes Ergebnis erhalten. -----→ 45 C

---

46 D Als Lösungen der charakteristischen Gleichung haben Sie sicher $\lambda_1 = 0$ und $\lambda_2 = -2$ erhalten.

Es ist aber auch $\alpha = -2$, d.h. α ist eine einfache Nullstelle des charakteristischen Polynoms. Daraus ergibt sich $r = 1$, und der Ansatz muß demzufolge lauten

$\eta(x) =$ _ _ _ _ _ _ _ _ _ . -----→ 49 F

Ihr Ansatz ist falsch. **47A**

In g(x) lesen wir $\alpha = 0$ ab. $\alpha = 0$ ist nicht Nullstelle des charakteristischen Polynoms, also ist $r = 0$.

Bilden Sie mit diesen Überlegungen den Ansatz! -----→ 45 D

Bei gewissenhafter Arbeit sind Sie sicher auf **47B**

$$\eta(x) = -\frac{1}{2}xe^{-2x}$$

gekommen (sonst überprüfen Sie Ihren Rechenweg auf Fehler) und auf die allgemeine Lösung

$$y = C_1 + C_2e^{-2x} - \frac{1}{2}xe^{-2x}.$$ -----→ 47 C

Bestimmen Sie die allgemeine Lösung der Dgl. **47C**

$$y'' - y' - 6y = 5e^{-2x}.$$

Vergleichen Sie! -----→ 49 E

Haben Sie **47D**

$$y = C_1 + C_2x + C_3e^{-2x} + 2x^2 - x^3 + \frac{1}{2}x^4?$$

Ja, dann haben Sie gut gearbeitet und können die nächste Aufgabe lösen. -----→ 47 E

Nein, dann wollen wir vergleichen:

Allgemeine Lösung der zugehörigen komogenen Dgl.

$$\bar{y} = C_1 + C_2x + C_3e^{-2x}.$$

Welchen der folgenden Ansätze haben Sie?

$\eta(x) = B_0 + B_1x + B_2x^2$ -----→ 49 A

$\eta(x) = (B_0 + B_1x + B_2x^2)x$ -----→ 48 G

$\eta(x) = (B_0 + B_1x + B_2x^2)x^2$ -----→ 44 C

Zu lösen ist die Dgl. $y'' + 2y' = e^{-2x}$. -----→ 49 D **47E**

48 A Ihr Ergebnis ist richtig. Lösen Sie jetzt die nächste Aufgabe ebenso gewissenhaft. -----→ 48 B

---

48 B Berechnen Sie die allgemeine Lösung von

$$y'' - 4y' + 4y = 8x^2 - 4x.$$

Vergleichen Sie! -----→ 46 C

---

48 C Ihr Ergebnis ist falsch. -----→ 48 D

---

48 D Sie haben einen falschen Ansatz aufgestellt. Obwohl in der Störfunktion der lineare Summand fehlt, muß er im Ansatz berücksichtigt werden. Vergleichen Sie mit dem Beispiel! Sie hätten das auch merken müssen, da Ihr Gleichungssystem einen Widerspruch enthielt. Lösen Sie jetzt die Aufgabe noch einmal! ---- 42 A -----→ 44 B

---

48 E Ihr Ergebnis ist falsch. -----→ 48 F

---

48 F Sie haben mit einem falschen Ansatz gerechnet. Das hättem Sie aber selbst merken müssen, weil Ihr Gleichungssystem einen Widerspruch enthielt.
Obwohl in der Störfunktion kein absolutes Glied enthalten ist, muß im Ansatz immer das Polynom in allgemeinster Form angesetzt werden.
Versuchen Sie jetzt die Aufgabe zu lösen und vergleichen Sie erneut! -----→ 46 C

---

48 G Ihr Ansatz ist falsch. Sie haben zwar beachtet, daß $\alpha = 0$ Lösung der charakteristischen Gleichung ist, aber nicht, daß es <u>zwei</u>fache Lösung ist. Berücksichtigen Sie das und vergleichen Sie erneut! -----→ 47 D

Ihr Ansatz ist falsch. Beachten Sie, daß $\alpha = 0$ zweifache Nullstelle des charakteristischen Polynoms ist! Lösen Sie die Aufgabe noch einmal! -----→ 49 C **49 A**

Ihr Ergebnis ist richtig. Lösen Sie nun die nächste Aufgabe! -----→ 49 C **49 B**

Lösen Sie jetzt die Dgl. $y''' + 2y'' = 12x^2 + 2$. -----→ 47 D **49 C**

Haben Sie das richtige Ergebnis **49 D**

$$y = C_1 + C_2e^{-2x} - \frac{1}{2}xe^{-2x}?$$

Ja, dann hoffen wir, daß Sie jetzt in der Lage sind, Aufgaben dieses Typs mühelos zu lösen. -----→ 50 A

Nein, dann vergleichen Sie mit einigen Zwischenergebnissen! -----→ 46 D

Das richtige Ergebnis lautet **49 E**

$$y = C_1e^{-2x} + C_2e^{3x} - xe^{-2x}.$$

Wenn Sie dieses Ergebnis haben, -----→ 50 A

Haben Sie mit dem richtigen Ansatz $\eta(x) = Be^{-2x}x$ gearbeitet und sind nicht zum obigen Ergebnis gelangt, dann sind Ihnen bei der weiteren Rechnung elementare Fehler unterlaufen. Berichtigen Sie diese, und vergleichen Sie erneut mit dem oben angegebenen Ergebnis!

Haben Sie mit einem anderen Ansatz gerechnet, so analysieren Sie noch einmal gründlich die Störfunktion in Verbindung mit den Lösungen der charakteristischen Gleichung! -----→ 47 C

Sie mußten ergänzen $Be^{-2x}x$. Lösen Sie damit die Aufgabe zu Ende! -----→ 47 B **49 F**

50 A Betrachten wir nun folgenden Typ der Störfunktion:

$$\boxed{g(x) = P_{m_1}(x) \cos \beta x + P_{m_2}(x) \sin \beta x}$$

$P_{m_1}(x)$ und $P_{m_2}(x)$ seien Polynome vom Grade m_1 bzw. m_2.
Entsprechend dieser Störfunktion bilden wir den Ansatz

$$\boxed{\begin{aligned}\eta(x) = \big[&(A_0 + A_1 x + \ldots + A_m x^m)\cos \beta x \\ &+ (B_0 + B_1 x + \ldots + B_m x^m)\sin \beta x\big]\, x^r\end{aligned}}$$

mit $m = \max[m_1; m_2]$.
Sind $\pm j\beta$ keine Lösungen der charakteristischen Gleichung, so ist $r = 0$ zu setzen. Sind $\pm j\beta$ Lösungen der charakteristischen Gleichung, so ist r gleich der Vielfachkeit dieser Lösungen zu setzen. Beachten Sie, daß im Ansatz stets $\cos \beta x$ <u>und</u> $\sin \beta x$ aufgeschrieben werden, auch wenn in der Störfunktion nur eine der beiden Funktionen auftritt.

Wollen Sie sich erst ein Beispiel ansehen? -----→ 51 A
Sonst lösen Sie die erste Aufgabe! -----→ 52 E

---

50 B Richtig ist

$$\eta_1(x) = (A_0 + A_1 x)\cos 4x + (B_0 + B_1 x)\sin 4x,$$

weil laut Störfunktion $\beta = 4$, $m_1 = 0$, $m_2 = 1$, $m = \max[0;1] = 1$ und $\pm j\beta = \pm 4j$ nicht Lösungen der charakteristischen Gleichung sind.

---

50 C Der Ansatz muß lauten

$$\eta_3(x) = (A_0 + A_1 x)\cos 2x + (B_0 + B_1 x)\sin 2x,$$

weil gemäß der Störfunktion $\beta = 2$, $m_1 = 1$, $m_2 = 0$ sind, und damit wird $m = 1$. Außerdem sind $\pm j\beta = \pm 2j$ nicht Lösungen der charakteristischen Gleichung.
Lösen Sie nun eine Dgl. vollständig!
Bestimmen Sie die allgemeine Lösung von

$$y'' + 2y' - 3y = 18\sin 3x - 24\cos 3x.$$ -----→ 52 A

Zu lösen ist die Dgl. $y'' - 7y' + 6y = \sin x$. **51 A**

Lösungsweg:

a) Lösung der homogenen Gleichung:

$\lambda_1 = 1$, $\lambda_2 = 6$ sind die Lösungen der charakteristischen Gleichung.

$\bar{y} = C_1 e^x + C_2 e^{6x}$.

b) Bestimmung einer speziellen Lösung der inhomogenen Gleichung:

Aus g(x) lesen wir ab: $\beta = 1$.

$\pm\beta j = \pm j$ sind nicht Lösungen der charakteristischen Gleichung, d.h. $r = 0$.

Ansatz: $\eta(x) = A \cos x + B \sin x$;

$\eta'(x) = -A \sin x + B \cos x$;

$\eta''(x) = -A \cos x - B \sin x$.

Der Ansatz und seine Ableitungen werden in die gegebene Dgl. eingesetzt und nach sin x und cos x geordnet:

$(7A + 5B)\sin x + (5A - 7B)\cos x = \sin x$.

Koeffizientenvergleich:

$$\left.\begin{array}{l} 7A + 5B = 1 \\ 5A - 7B = 0 \end{array}\right\} \Longrightarrow \begin{array}{l} A = \frac{7}{74}; \\ B = \frac{5}{74}. \end{array}$$

Wir erhalten: $\eta(x) = \frac{5}{74}\sin x + \frac{7}{74}\cos x$.

c) Allgemeine Lösung der inhomogenen Dgl.

$y = C_1 e^x + C_2 e^{6x} + \frac{5}{74}\sin x + \frac{7}{74}\cos x$.

Sehen Sie sich nun die erste Aufgabe an! -----→ 52 E

Obwohl Sie den richtigen Ansatz gewählt haben, sind Sie zu einem falschen Ergebnis gekommen. Sie haben beim Differenzieren nicht beachtet, daß es sich um eine mittelbare Funktion handelt und die Kettenregel anzuwenden ist. Korrigieren Sie Ihren Fehler, und vergleichen Sie erneut! **51 B** -----→ 52 A

52A Haben Sie

$y = C_1 e^x + C_2 e^{-3x} - 6\sin 3x + 3\cos 3x$ -----→ 51 B

$y = C_1 e^x + C_2 e^{-3x} - 2\sin 3x + \cos 3x$ -----→ 54 A

keines der angegebenen Ergebnisse erhalten, dann verglei-chen Sie Ihren Ansatz mit dem angegebenen! ----- 55 A ↩

52B Lösen Sie jetzt ebenso sorgfältig die nächste Aufgabe dieser Art!

$y'' + y = \sin x.$

Vergleichen Sie! -----→ 54 B

52C Ihr Ergebnis ist falsch. -----→ 52 D

52D Sie haben mit einem falschen Ansatz gearbeitet. Bedenken Sie, daß stets cos βx u n d sin βx aufgeschrieben werden müssen und der gesamte Ansatz mit x^r multipliziert wird! Geben Sie zunächst den Ansatz für die Bestimmung einer speziellen Lösung der folgenden Dgl. an:

$y'' + y = x \sin x$

Vergleichen Sie! -----→ 54 C

52E Geben Sie zur Dgl.

$y'' + 2y' - 3y = g(x)$

die Ansätze für folgende Störfunktionen an:

a) $g_1 = (x + 1)\sin 4x + \cos 4x;$ ----- 50 B ↩

b) $g_2 = \sin 3x;$ ----- 55 A ↩

c) $g_3 = x \cos 2x$ -----→ 50 C

52F Ihr Ergebnis ist richtig. Weiter so!

Bestimmen Sie die allgemeine Lösung der Dgl.

$y'' - 3y' + 2y = 4\cos x + (10x + 4)\sin x.$ -----→ 54 D

Vergleichen Sie: **53 A**

Wegen $g(x) = x \sin x$ und $\lambda_{1,2} = \pm j$ sind $\beta = 1$, $m_1 = 0$, $m_2 = 1$. Daher werden $m = \max[m_1; m_2] = 1$ und, weil $\pm j = \pm j\beta$ einfache Lösungen der charakteristischen Gleichung sind, $r = 1$.

Schreiben Sie nun den Ansatz auf und vergleichen Sie!

-----→ 54 C

Wir werden Ihnen ein Beispiel vorrechnen. **53 B**

Gesucht ist die allgemeine Lösung der Dgl.

$$y'' + y = x \cos x.$$

Lösungsweg:

a) Die allgemeine Lösung der homogenen Gleichung lautet
$\bar{y} = C_1 \cos x + C_2 \sin x$, denn $\lambda_{1,2} = \pm j$.

b) Wir lösen nun die inhomogene Gleichung:
In $g(x) = x \cos x$ lesen wir $\beta = 1$ ab.
Da aber $\lambda_{1,2} = \pm j = \pm\beta j$ gilt, ergibt sich $r = 1$, und der Ansatz muß lauten
$\eta(x) = [(A_0 + A_1 x)\sin x + (B_0 + B_1 x)\cos x]x$.
Wir differenzieren den Ansatz zweimal:

$$\eta(x) = (A_0 x + A_1 x^2)\sin x + (B_0 x + B_1 x^2)\cos x;$$
$$\eta'(x) = (A_0 x + A_1 x^2 + B_0 + 2B_1 x)\cos x + (A_0 + 2A_1 x - B_0 x - B_1 x^2)\sin x;$$
$$\eta''(x) = (2A_0 + 4A_1 x + 2B_1 - B_0 x - B_1 x^2)\cos x + (2A_1 - 2B_0 - 4B_1 x - A_0 x - A_1 x^2)\sin x.$$

Der Ansatz und seine Ableitungen werden in die gegebene Dgl. eingesetzt. Die Werte für die Konstanten ergeben sich dann durch Koeffizientenvergleich. Sie lauten:

$A_0 = 0$; $A_1 = \frac{1}{4}$; $B_0 = \frac{1}{4}$; $B_1 = 0$.

c) Die allgemeine Lösung der inhomogenen Dgl. wird

$$y = C_1 \cos x + C_2 \sin x + \frac{1}{4}x \cos x + \frac{1}{4}x^2 \sin x.$$

Versuchen Sie nun, die schon einmal begonnene Aufgabe zu lösen!

-----→ 52 B

54A Ihr Ergebnis ist richtig. -----→ 52 B

54B Haben Sie erhalten

$$y = C_1\cos x + C_2\sin x - \frac{1}{2}x \cos x$$ -----→ 52 F

$$y = C_1\cos x + C_2\sin x + \frac{1}{2}x \tan x \sin x$$ -----→ 52 C

Ihr Gleichungssystem führte auf einen Widerspruch. -----→ 52 D

Sie kamen mit der Aufgabe überhaupt nicht zurecht. -----→ 53 B

54C Der richtige Ansatz lautet

$$\eta(x) = \left[(B_0 + B_1x)\cos x + (A_0 + A_1x)\sin x\right]x.$$

Haben Sie diesen ebenfalls erhalten, dann lösen Sie die Aufgabe 52 B noch einmal! -----→ 52 B

Haben Sie einen anderen Ansatz aufgestellt, so informieren Sie sich noch einmal im Abschnitt 50 A und analysieren die Störfunktion und die Lösungen der charakteristischen Gleichung! --- 50 A -----→ 53 A

54D Das richtige Ergebnis lautet

$$y = C_1e^x + C_2e^{2x} + (3x + 5)\cos x + (x - 2)\sin x.$$

Wenn Sie dieses Ergebnis haben, können Sie zur nächsten Aufgabe übergehen und diese genau so sorgfältig lösen.

-----→ 55 B

Falls Sie ein anderes Ergebnis haben, muß ein Rechenfehler vorliegen, denn Sie haben sicher den richtigen Ansatz

$$\eta(x) = (B_0 + B_1x)\cos x + (A_0 + A_1x)\sin x$$

verwendet. Rechnen Sie die Aufgabe noch einmal bis zum Ende durch und vergleichen Sie erneut mit der angegebenen Lösung!

Der Ansatz muß lauten

$$\eta_2(x) = A \cos 3x + B \sin 3x,$$

weil laut Störfunktion $\beta = 3$, $m_1 = m_2 = 0 = m$ und $\pm j\beta = \pm 3j$ keine Lösungen der charakteristischen Gleichung sind. **55A**

Zu lösen ist jetzt die Schwingungsgleichung für einen ungedämpften, harmonischen Oszilator mit periodischer Erregung: **55B**

$$\ddot{x} + \omega_0^2 x = k \cos \beta t \quad \text{für} \quad \omega_0^2 - \beta^2 \neq 0.$$

-----→ 56 A

Sie mußten erkennen: $\alpha = 2$, $\beta = 1$, $m_1 = m_2 = 0$. $\alpha \pm j\beta = 2 \pm j$ sind keine Lösungen der charakteristischen Gleichung, also ist $r = 0$. **55C**

Der Ansatz lautet $\eta_1(x) = e^{2x}(A \cos x + B \sin x)$.

Gesucht ist der Ansatz für eine partikuläre Lösung der Dgl. **55D**

$$y'' - 3y' + 2y = e^{3x} \cos x.$$

Lösungsweg:

a) Die allgemeine Lösung der homogenen Dgl. ist

$\bar{y} = C_1 e^x + C_2 e^{2x}$, da $\lambda_1 = 1$, $\lambda_2 = 2$.

b) Aus der Störfunktion lesen wir ab:

$\alpha = 3$, $\beta = 1$, $m_1 = m_2 = 0$. $\alpha \pm \beta j = 3 \pm j$ sind nicht Lösungen der charakteristischen Gleichung, also ist $r = 0$, und der Ansatz lautet

$\eta(x) =$ _ _ _ _ _ _ _ _ _ _ .

-----→ 57 C

Aus der Störfunktion ist abzulesen: **55E**

$\alpha = 1$, $\beta = 2$, $m_1 = 0$, $m_2 = 1$. $\alpha \pm j\beta = 1 \pm 2j$ sind einfache Lösungen der charakteristischen Gleichung, also ist $r = 1$. $m = \max[m_1; m_2] = 1$. Dadurch lautet der Ansatz

$$\eta_2(x) = e^x \left[(A_0 + A_1 x)\cos 2x + (B_0 + B_1 x)\sin 2x\right] x.$$

56A Wenn Sie $x(t) = C_1 \cos \omega_0 t + C_2 \sin \omega_0 t + \frac{k}{\omega_0^2 - \beta^2} \cos \beta t$

erhalten haben, sind Sie zum richtigen Ergebnis gekommen und können zu einem allgemeinen Ansatz übergehen. -----→ 57 A

Andernfalls rechnen wir Ihnen diese Aufgabe vor. Bitte verfolgen Sie die Rechnung genau, da Aufgaben dieser Art, besonders in Physik, recht häufig vorkommen.
Gesucht war die allgemeine Lösung der Dgl.

$$\ddot{x} + \omega_0^2 x = k \cos \beta t \quad \text{mit} \quad \omega_0^2 - \beta^2 \neq 0.$$

<u>Lösungsweg:</u>

a) Lösung der homogenen Dgl. $\ddot{x} + \omega_0^2 x = 0$:
$\bar{x} = C_1 \cos \omega_0 t + C_2 \sin \omega_0 t.$

b) Ermittlung einer speziellen Lösung der inhomogenen Dgl.:
$\pm\beta j$ ist keine Lösung der charakteristischen Gleichung, also ist $r = 0$, und der Ansatz lautet
$\eta(t) = A \cos \beta t + B \sin \beta t.$
Wir differenzieren $\eta(t)$ zweimal nach t:
$\dot{\eta}(t) = -A\beta \sin \beta t + B\beta \cos \beta t,$

$\ddot{\eta}(t) = -A\beta^2 \cos \beta t - B\beta^2 \sin \beta t.$
$\eta(t)$ und $\ddot{\eta}(t)$ werden in die Dgl. eingesetzt:

$$-A\beta^2 \cos \beta t - B\beta^2 \sin \beta t + \omega_0^2 A \cos \beta t + \omega_0^2 B \sin \beta t = k \cos \beta t.$$

Koeffizientenvergleich
für $\cos \beta t$: $-A\beta^2 + \omega_0^2 A = k \implies A = \frac{k}{\omega_0^2 - \beta^2}$
für $\sin \beta t$: $-B\beta^2 + \omega_0^2 B = 0 \implies B = 0.$

Als spezielle Lösung der inhomogenen Dgl. ergibt sich
$\eta(t) = \frac{k}{\omega_0^2 - \beta^2} \cos \beta t.$

c) Die allgemeine Lösung der Dgl. lautet dann
$x(t) = C_1 \cos \omega_0 t + C_2 \sin \omega_0 t + \frac{k}{\omega_0^2 - \beta^2} \cos \beta t.$

-----→ 57 A

Im folgenden habe die Störfunktion g(x) die Gestalt **57 A**

$$g(x) = e^{\alpha x}\left[P_{m_1}(x)\cos\beta x + P_{m_2}(x)\sin\beta x\right] .$$

Die $P_{m_i}(x)$, i = 1, 2, sind Polynome vom Grade m_i.

Zur Bestimmung einer speziellen Lösung der inhomogenen Gleichung benutzen wir folgenden Ansatz

$$\eta(x) = e^{\alpha x}\left[A_m(x)\cos\beta x + B_m(x)\sin\beta x\right]x^r .$$

$A_m(x)$ und $B_m(x)$ sind Polynome mit unbestimmten Koeffizienten A_i und B_i (i = 0, 1, ..., m), $m = \max[m_1;m_2]$.

Sind $\alpha \pm j\beta$ keine Lösungen der charakteristischen Gleichung, so ist r = 0 zu setzen.

Sind $\alpha \pm j\beta$ Lösungen der charakteristischen Gleichung, so ist r gleich der Vielfachheit dieser Lösungen zu setzen.

Diese Störfunktion und ihr Ansatz stellen eine Verallgemeinerung der bisher behandelten Fälle dar.

Wollen Sie gleich eine Aufgabe lösen? -----→ 57 B

Sie können sich aber auch erst ein Beispiel ansehen.

-----→ 55 D

Gegeben sei die Dgl. $y'' - 2y' + 5y = g_i(x)$. **57 B**

Als charakteristische Gleichung erhält man

$\lambda^2 - 2\lambda + 5 = 0$ und damit $\lambda_{1,2} = 1 \pm 2j$.

Bestimmen Sie nacheinander aus folgenden Störfunktionen α, β, m_1, m_2, und stellen Sie die Lösungsansätze auf!

a) $g_1(x) = e^{2x}\sin x$; ----- 55 C

b) $g_2(x) = e^{x}(\cos 2x + x\sin 2x)$; ----- 55 E

c) $g_3(x) = e^{2x}(x^2 + 1)\cos 2x$. -----→ 58 B

Sie mußten ergänzen **57 C**

$e^{3x}(A\cos x + B\sin x)$. -----→ 57 B

58 A Sie sind sicher mit geringem Aufwand auf $\eta_2(x) = \frac{1}{3}e^{2x}$ gekommen.
Lösen Sie nun die in 59 B begonnene Aufgabe zu Ende!

--- 59 B -----→ 62 B

---

58 B Sie mußten ablesen: $\alpha = 2$, $\beta = 2$, $m_1 = 2$, $m_2 = 0$,
$\alpha \pm j\beta = 2 \pm 2j$ sind keine Lösungen der charakteristischen Gleichung, also ist $r = 0$. $m = \max[m_1; m_2] = 2$.
Der Ansatz lautet

$$\eta_3(x) = e^{2x}\left[(A_0 + A_1x + A_2x^2)\cos 2x + (B_0 + B_1x + B_2x^2)\sin 2x\right].$$

Wir hoffen, daß Sie alle Ansätze richtig ermittelt haben.
Bestimmen Sie nun die allgemeine Lösung der Dgl.

$$y'' - 2y' - 15y = 40e^{-x}\sin 2x.$$

Vergleichen Sie! -----→ 60 A

---

58 C Ihr Ansatz ist falsch. Sie haben nicht beachtet, daß $\pm j\beta = \pm 2j$ Lösungen der charakteristischen Gleichung sind.
Lösen Sie die Aufgabe noch einmal! -----→ 62 C

---

58 D Ihr Ansatz ist richtig. Arbeiten Sie weiter so!
Im folgenden werden wir eine kurze Leistungskontrolle schreiben.
Wollen Sie zuvor noch einige Übungsaufgaben lösen?

Ja -----→ 58 E

Nein -----→ 61 B

---

58 E Zu lösen sind folgende Dgln.

1. $y'' - 2y' + y = \sin x + e^{-x}$
2. $y''' - 7y'' + 8y' + 16y = 6e^{x} + 5e^{4x}$.

Vergleichen Sie! -----→ 60 C

59 A

Es bleibt für die Ansatzmethode noch folgender Fall:

> Die Störfunktion ist eine Summe verschiedener Störfunktionen (wie sie in 41 A, 50 A und 57 A behandelt wurden).
> Dann ist der Ansatz gleich der Summe der Ansätze für jede einzelne Störfunktion.

In der praktischen Berechnung einer partikulären Lösung der inhomogenen Dgl. erweist es sich als günstig, die Koeffizienten für die <u>einzelnen Ansätze getrennt</u> zu berechnen.

-----→ 59 B

---

59 B

Arbeiten wir gemeinsam eine Aufgabe durch.

Zur Dgl. $y'' - y = \cos x + e^{2x} + xe^{x} + x$

ist die allgemeine Lösung gesucht.

<u>Lösungsweg:</u>

a) Lösung der zugehörigen homogenen Dgl. $y'' - y = 0$:

$\lambda_1 = -1,\ \lambda_2 = 1.\quad \bar{y} = C_1e^{-x} + C_2e^{x}.$

b) Bestimmung einer speziellen Lösung der inhomogenen Dgl.:

$g(x) = \cos x + e^{2x} + xe^{x} + x,$

$g(x) = g_1(x) + g_2(x) + g_3(x) + g_4(x).$

Zu den einzelnen Störfunktionen gehören die Ansätze

$g_1(x) = \cos x,\quad \eta_1(x) =$ ________ ,

$g_2(x) = e^{2x},\quad \eta_2(x) =$ ________ ,

$g_3(x) = xe^{x},\quad \eta_3(x) =$ ________ ,

$g_4(x) = x,\quad \eta_4(x) =$ ________ .

Die gesamte partikuläre Lösung ist dann

$\eta(x) = \eta_1(x) + \eta_2(x) + \eta_3(x) + \eta_4(x).$ -----→ 61 A

---

59 C

Ihr Ansatz ist falsch. Beachten Sie die Lösungen der charakteristischen Gleichung! -----→ 62 C

60 A Das richtige Ergebnis lautet

$$y = C_1e^{5x} + C_2e^{-3x} + e^{-x}(\cos 2x - 2\sin 2x).$$

Haben Sie dieses Ergebnis?

Ja, dann können Sie zum nächsten Abschnitt übergehen.

-----→ 59 A

Nein, dann vergleichen Sie Ihren Ansatz:

$\eta(x) = e^{-x}(A \cos 2x + B \sin 2x)$ und überprüfen Sie Ihren Rechenweg, insbesondere die Differentiation, auf Fehler. Vergleichen Sie dann erneut mit dem angegebenen Ergebnis!

---

60 B Haben Sie

$\eta(x) = A \cos 2x + B \sin 2x + De^{x} + (E_0 + E_1x + E_2x^2)x$ -----→ 58 C

$\eta(x) = (A \cos 2x + B \sin 2x)x + De^{x} + (E_0 + E_1x + E_2x^2)x$ -----→ 58 D

$\eta(x) = A \cos 2x + B \sin 2x + De^{x} + E_0 + E_1x + E_2x^2$ -----→ 59 C

$\eta(x) = (A \cos 2x + B \sin 2x + De^{x} + E_0 + E_1x + E_2x^2)x$ -----→ 62 A

einen anderen Ansatz, dann sehen Sie sich noch einmal genau das Beispiel an, und lösen Sie danach die Aufgabe erneut!

--- 59 B -----→ 62 C

---

60 C Die richtigen Ergebnisse sind

1. $y = (C_1 + C_2x)e^{x} + \frac{1}{2}\cos x + \frac{1}{4}e^{-x};$

2. $y = C_1e^{-x} + (C_2 + C_3x)e^{4x} + \frac{1}{3}e^{x} + \frac{1}{2}x^2e^{4x}.$

Haben Sie diese erhalten?

Ja -----→ 61 B

Nein, so vergleichen Sie zunächst mit Ihrem Ansatz

1. $\eta(x) = A \cos x + B \sin x + De^{-x};$

2. $\eta(x) = Ae^{x} + Be^{4x}x^2.$

Haben Sie mit diesen Ansätzen gearbeitet, dann sind Ihnen bei der weiteren Rechnung Fehler unterlaufen. Überprüfen Sie Ihre Rechnung und korrigieren Sie die Fehler.

Sind Sie von anderen Ansätzen ausgegangen, dann überlegen Sie noch einmal genau, warum diese Ansätze zu verwenden sind!

Rechnen Sie die Aufgabe noch einmal! -----→ 58 E

61 A

Ihre Ergänzungen müssen sein

$A \cos x + B \sin x$ / De^{2x} / $(E_0 + E_1 x)e^x x$ / $F_0 + F_1 x$.

Zur besseren Unterscheidung wurde hier mit verschiedenen Buchstaben für die Koeffizienten gearbeitet. Sie haben sicher beachtet: Nur für $\eta_3(x)$ wurde $r = 1$.

Zur Berechnung der Koeffizienten werden wir (wie in 59 A beschrieben) die einzelnen Ansätze betrachten.

Für $\eta_1(x)$ wird das:

$$\eta_1(x) = A \cos x + B \sin x,$$
$$\eta_1'(x) = -A \sin x + B \cos x,$$
$$\eta_1''(x) = -A \cos x - B \sin x.$$

Eingesetzt in die "Teildgl."

$$y'' - y = g_1(x), \text{ also } y'' - y = \cos x$$

erhält man

$$-A \cos x - B \sin x - (A \cos x + B \sin x) = \cos x,$$
$$-2A \cos x - 2B \sin x = \cos x$$

und durch Koeffizientenvergleich

$$A = -\frac{1}{2} \text{ und } B = 0,$$

also $\eta_1(x) = -\frac{1}{2}\cos x$.

Entsprechend berechnen Sie jetzt die Koeffizienten von $\eta_2(x) = De^{2x}$ aus der "Teildgl." $y'' - y = e^{2x}$. -----→ 58 A

---

61 B

Leistungskontrolle

Legen Sie zuvor eine Pause von ungefähr 10 Minuten ein!
Für die Leistungskontrolle haben Sie 30 Minuten Zeit.

1. $y'' - 4y' + 4y = \sin x$,
2. $y'' - 5y' + 4y = e^x + e^{-x}$.

Bewerten Sie Ihre Leistungen selbst! -----→ 63 A

62 A Ihr Ansatz ist falsch. Sie waren beim Bestimmen von r oberflächlich. Lösen Sie die Aufgabe noch einmal! -----→ 62 C

---

62 B Sicher haben Sie erhalten

$$\eta_3(x) = \frac{1}{4}(x^2 - x)e^x \quad \text{und} \quad \eta_4(x) = -x.$$

Sie hatten bereits berechnet

$$\eta_1(x) = -\frac{1}{2}\cos x; \quad \eta_2(x) = \frac{1}{3}e^{2x}.$$

Fassen wir nun zusammen:

$$\eta(x) = -\frac{1}{2}\cos x + \frac{1}{3}e^{2x} + \frac{1}{4}(x^2 - x)e^x - x$$

und

$$y = C_1e^{-x} + C_2e^x - \frac{1}{2}\cos x + \frac{1}{3}e^{2x} + \frac{1}{4}(x^2 - x)e^x - x.$$

-----→ 62 C

---

62 C Geben Sie für die Dgl.

$$y''' + 4y' = 4\cos 2x + 10e^x - 16\sin 2x + x^2$$

den Ansatz zur Ermittlung einer partikulären Lösung an!
(Die allgemeine Lösung der homogenen Gleichung lautet
$\bar{y} = C_1 + C_2\cos 2x + C_3\sin 2x$). -----→ 60 B

---

62 D Lösen Sie noch folgende Aufgaben und geben Sie diese bei Ihrem Betreuer ab!

1. $y'' + 4y = \sin 2x + e^{-2x}\cos x$.
2. $y^{(4)} + 2y''' - 3y'' = e^x + e^{3x} + 2$.
3. Beim Anfahren einer Lokomotive (Masse m, Zugkraft a) sei die Reibungskraft proportional zur Geschwindigkeit. Dann gilt für den zurückgelegten Weg x(t) die Bewegungsgleichung $m\ddot{x}(t) = a - b\dot{x}(t)$, b konstant.

Für Ihre weitere Arbeit wünschen wir Ihnen viel Erfolg.
Sie werden von Ihrem Betreuer erfahren, wo Sie weiterzuarbeiten haben, sonst -----→ 64 A

Punkte

1. a) Lösung der homogenen Gleichung $\bar{y} = (C_1 + C_2x)e^{2x}$. 2

b) Bestimmung einer speziellen Lösung der inhomogenen Dgl. $\eta(x) = A\cos x + B\sin x$; 1

$\eta'(x) = -A\sin x + B\cos x$;
$\eta''(x) = -A\cos x - B\sin x$. 1

In die Dgl. eingesetzt:
$(3A - 4B)\cos x + (3B + 4A)\sin x = \sin x$. 1

Koefiizientenvergleich:
$\left.\begin{array}{l}3A - 4B = 0\\ 3B + 4A = 1\end{array}\right\} \implies A = \frac{4}{25},\quad B = \frac{3}{25}$. 1

$\eta(x) = \frac{4}{25}\cos x + \frac{3}{25}\sin x$. 1

c) Allgemeine Lösung der inhomogenen Gleichung
$y = (C_1 + C_2x)e^{2x} + \frac{4}{25}\cos x + \frac{3}{25}\sin x$. 1

2. a) Lösung der homogenen Gleichung $\bar{y} = C_1e^x + C_2e^{4x}$. 2

b) Bestimmen einer speziellen Lösung der inhomogenen Dgl. $\eta(x) = Ae^x x + Be^{-x}$. 1

$\eta_1(x) = Ae^x x$; $\quad \eta_2(x) = Be^{-x}$;
$\eta_1'(x) = Ae^x(x + 1)$; $\quad \eta_2'(x) = -Be^{-x}$; 1/1
$\eta_1''(x) = Ae^x(x + 2)$; $\quad \eta_2''(x) = Be^{-x}$.

Eingesetzt und Koeffizientenvergleich:

für $\eta_1(x)$: $Ae^x(x + 2) - 5(x + 1) + 4x = e^x$. 1
$A = -\frac{1}{3}$ 1
$\eta_1(x) = -\frac{1}{3}xe^x$. 1

für $\eta_2(x)$: $Be^{-x}(1 + 5 + 4) = e^{-x}$. 1
$B = \frac{1}{10}$. 1
$\eta_2(x) = \frac{1}{10}e^{-x}$. 1

c) Allgemeine Lösung der inhomogenen Dgl.
$y = C_1e^x + C_2e^{4x} - \frac{1}{3}xe^x + \frac{1}{10}e^{-x}$. 1

20

-----→ 62 D

64 A Im letzten Programmabschnitt wurden inhomogene lineare Dgln. höherer Ordnung mit konstanten Koeffizienten gelöst, indem zunächst die allgemeine Lösung der zugehörigen homogenen Dgl. und dann mit Hilfe der Ansatzmethode eine partikuläre Lösung der inhomogenen Dgl. ermittelt wurden. Bei vielen Dgln. ist die Störfunktion g(x) so beschaffen, daß sich die Ansatzmethode nicht anwenden läßt. Deshalb werden wir nun den Übergang von der allgemeinen Lösung der zugehörigen homogenen Dgl. zur allgemeinen Löuung der inhomogenen Dgl. durch V A R I A T I O N D E R K O N S T A N T E N vornehmen.

<u>Lösungsweg:</u> Wir betrachten folgende Dgl.:

$$y^{(n)} + a_{n-1}y^{(n-1)} + \dots + a_2y'' + a_1y' + a_0y = g(x);$$

a_ν konstant, $\nu = 0, 1, \dots, n-1$.

Die allgemeine Lösung der zugehörigen homogenen Dgl. sei

$$\bar{y}(x) = C_1y_1(x) + C_2y_2(x) + \dots + C_ny_n(x). \qquad (5)$$

Nach Variation der Konstanten erhält man

$$y = C_1(x)y_1(x) + C_2(x)y_2(x) + \dots + C_n(x)y_n(x). \qquad (6)$$

Wie Ihnen bekannt ist, kommt man zu folgendem Gleichungssystem:

$$\left.\begin{array}{l} C_1'(x)y_1 + C_2'(x)y_2 + \dots + C_n'(x)y_n = 0 \\ C_1'(x)y_1' + C_2'(x)y_2' + \dots + C_n'(x)y_n' = 0 \\ C_1'(x)y_1'' + C_2'(x)y_2'' + \dots + C_n'(x)y_n'' = 0 \\ \vdots \\ C_1'(x)y_1^{(n-1)} + C_2'(x)y_2^{(n-1)} + \dots + C_n'(x)y_n^{(n-1)} = g(x) \end{array}\right\} \qquad (7)$$

Jede Gleichung entsteht aus der vorhergehenden, indem

$y_i^{(k)}(x) \quad (i = 1, 2, \dots, n; \quad k = 0, 1, \dots, n-1)$

jeweils einmal differenziert werden. In der letzten Gleichung des entstehenden Systems steht auf der rechten Seite die Störfunktion g(x). Aus (7) werden die $C_i'(x)$ und schließlich durch Integration die $C_i(x)$ bestimmt, die dann in (6) eingesetzt werden.

Sehen wir uns gemeinsam ein Beispiel an. -----→ 65 A

Zu bestimmen ist die allgemeine Lösung der inhomogenen Dgl. **65 A**

$$y''' + 3y'' + 3y' + y = \frac{1}{x}e^{-x}.$$

Lösungsweg: Allgemeine Lösung der zugehörigen homogenen Dgl.

$$\bar{y} = C_1e^{-x} + C_2xe^{-x} + C_3x^2e^{-x}:$$

Variation der Konstanten: Die Variation der Konstanten führt auf ein Gleichungssystem, welches in 64 A unter (7) allgemein angegeben ist. Wir betrachten eine Dgl. dritter Ordnung, d.h. unser Gleichungssystem besteht aus drei Gleichungen:

$$C_1'(x)e^{-x} + C_2'(x)xe^{-x} + C_3'(x)x^2e^{-x} = 0$$

$$C_1'(x)(-e^{-x}) + C_2'(x)(e^{-x} - xe^{-x}) + C_3'(x)(2xe^{-x} - x^2e^{-x}) = 0$$

$$C_1'(x)e^{-x} + C_2'(x)(xe^{-x} - 2e^{-x}) + C_3'(x)(2e^{-x} - 4xe^{-x} + x^2e^{-x}) = \frac{e^{-x}}{x}.$$

Wir lösen das Gleichungssystem nach $C_i'(x)$ auf und erhalten:

$$C_3'(x) = \frac{1}{2x} \quad ==> \quad C_3(x) = \frac{1}{2}\ln|x| + K_3;$$

$$C_2'(x) = -1 \quad ==> \quad C_2(x) = -x + K_2;$$

$$C_1'(x) = \frac{1}{2}x \quad ==> \quad C_1(x) = \frac{1}{4}x^2 + K_1.$$

Geben Sie die allgemeine Lösung der inhomogenen Dgl. an und vergleichen Sie! -----→ 67 A

Sie müssen sich noch einmal gründlich mit dem Lösungsprinzip und dem folgenden Beispiel beschäftigen! -----→ 64 A **65 B**

Ihr Ergebnis muß lauten **65 C**

$$y = (-\ln|x| + \bar{K}_1)e^{-x} + (-1 + K_2x)e^{-x};$$

mit $\bar{K}_1 - 1 = K_1$ folgt $y = \underbrace{(K_1 + xK_2)e^{-x}}_{\text{allgemeine Lösung der zugehörigen homogenen Dgl.}} - \underbrace{e^{-x}\ln|x|}_{\text{spezielle Lösung der inhomogenen Dgl.}}.$

-----→ 66 G

66 A Haben Sie als Lösung der zugehörigen homogenen Dgl.

$$\bar{y} = C_1 e^{2x} \cos x + C_2 e^{2x} \sin x \quad \text{erhalten?}$$

Ja, dann haben Sie richtig gerechnet. -----→ 67 D
Nein -----→ 66 B

---

66 B Sie müssen in der Lage sein, diese homogene Dgl. zu lösen. Offensichtlich haben Sie den Programmabschnitt zu den homogenen Dgln. sehr oberflächlich bearbeitet. Schauen Sie sich deshalb noch einmal gründlich diesen Programmabschnitt an und lösen Sie danach die Aufgabe 66 D.

--- Programmabschnitt "Homogene Dgln." -----→ 66 D

---

66 C Ihr Ergebnis ist richtig. Lösen Sie nun die nächste Aufgabe mit gleicher Sorgfalt! -----→ 66 D

---

66 D Gesucht ist die allgemeine Lösung der Dgl.

$$y'' - 4y' + 5y = \frac{e^{2x}}{\cos x}.$$

-----→ 68 B

---

66 E Sie haben bis zu dieser Umformung richtig gerechnet. Jetzt können Sie noch $(K_1 + K_2x)e^{-x} - e^{-x}$ zusammenfassen, indem Sie e^{-x} ausklammern. Beachten Sie, daß Konstanten zusammengefaßt werden können. Vergleichen Sie erneut! -----→ 69 A

---

66 F Sie haben richtig gerechnet. Bestimmen Sie nun die allgemeine Lösung der Dgl.

$$y'' + y = \frac{1}{\sin x}.$$

-----→ 68 D

---

66 G Bestimmen Sie nun die allgemeine Lösung der Dgl.

$$y'' + 4y' + 4y = \frac{1}{x^2}e^{-2x}.$$

-----→ 69 C

67 A

Sie müßten als allgemeine Lösung erhalten haben

$$y = (\tfrac{1}{4}x^2 + K_1)e^{-x} + (K_2 - x)xe^{-x} + (\tfrac{1}{2}\ln|x| + K_3)x^2e^{-x};$$

$$y = \underbrace{(K_1 + K_2x + K_3x^2)e^{-x}}_{\text{allgemeine Lösung der homogenen Dgl.}} + \underbrace{(\tfrac{1}{2}x^2\ln|x| - \tfrac{3}{4}x^2)e^{-x}}_{\text{spezielle Lösung der inhomogenen Dgl.}}.$$

Wir wollen in Zukunft die allgemeine Lösung der inhomogenen Dgl. immer in der Form allgemeine Lösung der zugehörigen homogenen Dgl. plus spezielle Lösung der inhomogenen Dgl. angeben.

Bestimmen Sie die allgemeine Lösung der Dgl.

$$y'' + 2y' + y = \frac{1}{x^2}e^{-x}.$$ -----→ 69 A

---

67 B

Sie müßten erhalten haben $C_1'(x) = -\frac{1}{x}$ und $C_2'(x) = \frac{1}{x^2}$.

Lösen Sie nun die Aufgabe zu Ende! -----→ 65 C

---

67 C

Sie müßten erhalten haben

$$C_1'(x) = \frac{\cos x}{\sin x}, \quad C_2'(x) = -1.$$

Berechnen Sie nnn $C_1(x)$ und $C_2(x)$.

Beachten Sie: $\int\frac{f'(x)}{f(x)}dx = \ln|f(x)| + K.$

Bestimmen Sie die allgemeine Lösung der Dgl.! -----→ 68 D

---

67 D

Sie haben entweder beim Aufstellen des Gleichungssystems oder bei der Berechnung der $C_i(x)$ Fehler gemacht. Lösen Sie Ihre Aufgabe noch einmal! Sicher werden Sie zum richtigen Ergebnis kommen. -----→ 68 B

---

67 E

Sie konnten bisher noch keine Aufgabe selbständig lösen und müssen sich deshalb noch einmal gewissenhafter mit diesem Abschnitt beschäftigen. -----→ 64 A

68 A Sie erhalten folgendes Gleichungssystem

$$C_1'(x)\cos x + C_2'(x)\sin x = 0$$

$$-C_1'(x)\sin x + C_2'(x)\cos x = \frac{1}{\sin x}.$$

Gesucht sind $C_1'(x)$ und $C_2'(x)$. Gewiß sind Sie in der Lage, diese aus dem Gleichungssystem zu ermitteln. Danach werden Sie die Beziehung $\sin^2 x + \cos^2 x = 1$ benötigen. Multiplizieren Sie jede der Gleichungen so, daß durch anschließende Addition der beiden Gleichungen nur noch eine der gesuchten Funktionen $C_1'(x)$ oder $C_2'(x)$ vorhanden ist. Vergleichen Sie! -----→ 67 C

---

68 B Das richtige Ergebnis ist

$$y = (K_1\cos x + K_2\sin x)e^{2x} + (\cos x \ln|\cos x| + x \sin x)e^{2x}.$$

-----→ 71 A

Sie sind nicht zu diesem Ergebnis gekommen. -----→ 66 A

---

68 C Ihr Ergebnis ist falsch.

Haben Sie als Gleichungssystem zur Bestimmung der C_i

$$C_1'(x)e^{-x} + C_2'(x)xe^{-x} = 0$$

$$-C_1'(x)e^{-x} + C_2'(x)(e^{-x} - xe^{-x}) = \frac{e^{-x}}{x^2}?$$

Ja, dann haben Sie das richtige Zwischenergebnis.

Bestimmen Sie daraus $C_1'(x)$ und $C_2'(x)$. -----→ 67 B

Nein -----→ 69 B

---

68 D Haben Sie

$y = C_1\cos x + C_2\sin x$ -----→ 70 B

$y = K_1\cos x + K_2\sin x - x\cos x + \sin x \ln|\sin x|$ -----→ 66 C

das Gleichungssystem gefunden, konnten aber $C_1'(x)$ und $C_2'(x)$ nicht bestimmen? -----→ 68 A

Lautet Ihr Ergebnis **69 A**

$y = K + e^{-x}(\ln|x| - 1)$ -----→ 70 A

$y = (\bar{K}_1 + \bar{K}_2 x)e^{-x} - \ln|x|e^{-x}$ -----→ 66 F

$y = (K_1 + K_2 x)e^{-x} - e^{-x} - \ln|x|e^{-x}$ -----→ 66 E

Sie sind zu einem anderen Ergebnis gekommen. -----→ 68 C

Sie sind mit dieser Aufgabe nicht zurechtgekommen. -----→ 65 B

Ihr Gleichungssystem zur Bestimmung der $C_i'(x)$ ist falsch. **69 B**

Wir wollen es gemeinsam aufstellen.

Die allgemeine Lösung der zugehörigen homogenen Dgl. lautet

$$\bar{y} = C_1 e^{-x} + C_2 x e^{-x}.$$

Durch Variation der Konstanten erhalten wir den Ansatz für die allgemeine Lösung der inhomogenen Dgl.

$$y = C_1(x)e^{-x} + C_2(x)xe^{-x}.$$

Das Gleichungssystem (7) aus 64 A lautet im vorliegenden Fall

$$\begin{aligned} C_1'(x)y_1 + C_2'(x)y_2 &= 0 \\ C_1'(x)y_1' + C_2'(x)y_2' &= g(x). \end{aligned}$$

Konkret für unsere Aufgabe bedeutet das

$$\begin{aligned} C_1'(x)e^{-x} + C_2'(x)xe^{-x} &= 0 \\ -C_1'(x)e^{-x} + C_2'(x)(e^{-x} - xe^{-x}) &= \frac{1}{x^2}e^{-x}. \end{aligned}$$

Bestimmen Sie daraus $C_1'(x)$ und $C_2'(x)$. -----→ 67 B

Ihr Ergebnis lautet **69 C**

$y = (K_1 + K_2 x)e^{-2x} + \frac{e^{-2x}}{2x}$ -----→ 66 F

$y = K + \frac{1}{2x}e^{-2x}$ -----→ 70 C

Sie sind mit der Aufgabe nicht zurechtgekommen oder haben ein anderes Ergebnis. -----→ 67 E

70 A Sie haben einen Fehler in Ihrer Rechnung. Beachten Sie, daß bei jeder Lösung eines unbestimmten Integrals eine additive Konstante zugefügt wird. Verbessern Sie Ihren Fehler und vergleichen Sie erneut! -----→ 69 A

---

70 B Ihr Ergebnis ist falsch. Dafür gibt es zwei Ursachen:

- Sie haben nur die allgemeine Lösung der homogenen Dgl. bestimmt. Dann wäre Ihr Ergebnis als Zwischenergebnis richtig. Sie müßten nun nur noch die Variation der Konstanten durchführen.
- Sie haben zwar beachtet, daß in der allgemeinen Lösung der homogenen Dgl. die Konstanten variiert werden müssen, um zur allgemeinen Lösung der inhomogenen Dgl. zu gelangen, haben jedoch im Gleichungssystem in der letzten Gleichung einen Fehler auf der rechten Seite.

Beseitigen Sie Ihre Fehler und vergleichen Sie erneut!

-----→ 68 D

---

70 C Sie haben einen Fehler in Ihrer Rechnung.
Sie müßten wissen, daß die allgemeine Lösung einer Dgl. 2. Ordnung zwei Konstanten enthält. Beachten Sie deshalb, daß bei jeder Lösung eines unbestimmten Integrals eine additive Konstante zugefügt wird. Korrigieren Sie Ihren Fehler und vergleichen Sie danach erneut! -----→ 69 C

Sie haben sich erfolgreich mit Dgln., die sich mit Hilfe der Methode der "Variation der Konstanten" lösen lassen, auseinandergesetzt. Lösen Sie nun von den folgenden Aufgaben nur die, die sich nicht mit Hilfe der Ansatzmethode lösen lassen. **71 A**

1. $y'' - 4y = 8x^3$,
2. $y'' + 4y = \frac{1}{\sin 2x}$,
3. $y'' - y = \frac{1}{\cosh x}$; $\cosh x = \frac{e^x + e^{-x}}{2}$,
   Substitution bei der Integration: $e^x = t$.
4. $y'' + y = x + 2e^x$,
5. $y''' + 4y' + y = e^x(x^3 - x^2 + 2)$.

Die gelösten Aufgaben sind beim Betreuer abzugeben.

Sie werden von ihm erfahren, wie Sie weiterzuarbeiten haben,
sonst -----→ 72 A

72 A Die Eulersche Differentialgleichung

Eulersche Dgln. sind Dgln. n-ter Ordnung mit der Normalform

$$a_n x^n y^{(n)} + a_{n-1} x^{n-1} y^{(n-1)} + \ldots + a_1 x y' + a_0 y = g(x)$$
$$a_\nu = \text{const}, \quad (\nu = 0, 1, \ldots, n); \; x \neq 0, \; a_n \neq 0. \tag{1}$$

Beachten Sie: In der Normalform der Eulerschen Dgl. stimmt in jedem Summanden die Potenz von x mit der Ordnung der entsprechenden Ableitung überein.

Durch geeignete Substitution kann jede Eulersche Dgl. n-ter Ordnung in eine lineare Dgl. n-ter Ordnung mit konstanten Koeffizienten überführt werden. Eine dieser Substitutionen ist

$$|x| = e^t; \quad \text{d.h.} \quad x = \begin{cases} e^t & \text{für } x > 0 \\ -e^t & \text{für } x < 0. \end{cases}$$

Die Funktion $y = y(x)$ wird zu einer Funktion von t:

$$y(x) = z(t) \quad \text{mit} \quad t = \ln|x|.$$

Wir erhalten damit für die Ableitungen

$$\frac{dy}{dx} = \frac{dz}{dt}\cdot\frac{dt}{dx} = \frac{dz}{dt}\cdot\frac{1}{x} = \frac{1}{x}\cdot\frac{dz}{dt};$$

$$\frac{d^2y}{dx^2} = -\frac{1}{x^2}\cdot\frac{dz}{dt} + \frac{1}{x}\cdot\frac{d^2z}{dt^2}\cdot\frac{dt}{dx} = -\frac{1}{x^2}\cdot\frac{dz}{dt} + \frac{1}{x^2}\cdot\frac{d^2z}{dt^2};$$

$$\frac{d^3y}{dx^3} = \frac{2}{x^3}\cdot\frac{dz}{dt} - \frac{3}{x^3}\cdot\frac{d^2z}{dt^2} + \frac{1}{x^3}\cdot\frac{d^3z}{dt^3}.$$

Drücken Sie die Ableitung $\frac{d^4y}{dx^4}$ durch die Ableitungen $\frac{d^\mu z}{dt^\mu}$ aus ($\mu = 1, 2, 3, 4$).

Vergleichen Sie! -----→ 74 A

Wir bestimmen die allgemeine Lösung der Eulerschen Dgl. **73 A**

$$2x^2y'' - xy' + y = 0, \quad x \neq 0.$$

<u>Lösungsweg:</u>

- Überführung der Eulerschen Dgl. in eine lineare Dgl. mit konstanten Koeffizienten:
  Substitution: $|x| = e^t$.
  $y(x) = z(t)$,
  $xy' = \dot{z}$ und $x^2y'' = \ddot{z} - \dot{z}$.
  Damit entsteht aus der gegebenen Dgl.
  $2(\ddot{z} - \dot{z}) - \dot{z} + z = 0$ und zusammengafaßt
  $2\ddot{z} - 3\dot{z} + z = 0.$
- Bestimmung der allgemeinen Lösung der linearen Dgl. mit konstanten Koeffizienten:
  Man erhält die charakteristische Gleichung
  $2\lambda^2 - 3\lambda + 1 = 0$ mit den Lösungen $\lambda_1 = 1$ und $\lambda_2 = \frac{1}{2}$.
  Die allgemeine Lösung der Dgl. mit konstanten Koeffizienten lautet somit
  $z(t) = C_1e^t + C_2e^{t/2}$.
- Übergang zur allgemeinen Lösung der gegebenen Eulerschen Dgl.:
  Hier kann bei der Rücksubstitution unmittelbar
  $e^t = |x|$ verwendet werden, wenn man beachtet, daß
  $e^{t/2} = \sqrt{e^t}$ ist.
  Es entsteht $y = C_1|x| + C_2\sqrt{|x|}$.

Lösen Sie nun die erste Aufgabe selbständig! -----→ 77 B

Sie mußten einfügen **73 B**

$$\overset{(4)}{z} - 6\dddot{z} + 11\ddot{z} - 6\dot{z}.$$

Ihr Ergebnis ist falsch. Sie haben formal $x^\nu y^{(\nu)}$ durch $\overset{(\nu)}{z}$ ersetzt. Das zeugt davon, daß Sie bisher sehr oberflächlich gearbeitet haben. Beginnen Sie mit diesem Abschnitt noch einmal! **73 C**

-----→ 72 A

74 A Das richtige Ergebnis lautet

$$\frac{d^4y}{dx^4} = \frac{6}{x^4}\cdot\frac{dz}{dt} + \frac{11}{x^4}\cdot\frac{d^2z}{dt^2} - \frac{6}{x^4}\cdot\frac{d^3z}{dt^3} + \frac{1}{x^4}\cdot\frac{d^4z}{dt^4}.$$

Wenn Sie dieses Ergebnis erhalten haben, erläutern wir Ihnen die weiteren Schritte zur Ermittlung der allgemeinen Lösung einer Eulerschen Dgl. -----→ 75 A

Sie haben ein anderes Ergebnis erhalten? Gewiß ist Ihnen ein elementarer Rechenfehler unterlaufen. Überprüfen Sie Ihre Rechnung und vergleichen Sie Ihr neues Ergebnis mit dem oben angegebenen!

Sie kommen mit dieser Aufgabe nicht zurecht? Beginnen Sie deshalb mit Ihrer Arbeit nochmals von vorn! Studieren Sie jetzt gründlicher und beachten Sie besonders die Anwendung der Kettenregel der Differentialrechnung! Diese Aufgabe müssen Sie lösen können! -----→ 72 A

---

74 B Ihr Ergebnis ist richtig, läßt sich aber noch umformen. Holen Sie das nach! -----→ 76 B

---

74 C Sie mußten einfügen:

$$\dddot{z} - 6\ddot{z} + 5\dot{z} + 2z.$$

Sicher können Sie jetzt die folgende Aufgabe selbständig lösen. Zu bestimmen ist die allgemeine Lösung der Eulerschen Dgl.

$$x^3y''' + x^2y'' - 2xy' + 2y = 0; \quad x \neq 0.$$

Überführen Sie diese zunächst in eine Dgl. mit konstanten Koeffizienten!

Vergleichen Sie! -----→ 76 A

---

74 D Ihr Ergebnis ist falsch. Wir geben Ihnen zwei Hinweise:

- Die Nullstellen des charakteristischen Polynoms sind: $\lambda_1 = 1$, $\lambda_2 = -1$, $\lambda_3 = 2$.
- Wir setzen voraus, daß Sie wissen, wie man mit Hilfe der Nullstellen die allgemeine Lösung aufstellt!

Vergleichen Sie erneut! -----→ 76 B

Setzen wir $\frac{dy}{dx} = y'$ und $\frac{dz}{dt} = \dot{z}$ in die eben ermittelten Ableitungen ein, so erhalten wir nach einfachen Umformungen **75 A**

$$x y' = \dot{z},$$

$$x^2 y'' = \ddot{z} - \dot{z},$$

$$x^3 y''' = \dddot{z} - 3\ddot{z} - 2\dot{z},$$

$$x^4 y^{(4)} = \_\_\_\_\_\_\_\_ , \quad \text{usw.}$$

Vergleichen Sie zunächst. ----- 73 B

Zur Bestimmung der allgemeinen Lösung der Eulerschen Dgl. ergibt sich damit folgender

Lösungsweg:

- Überführung der Eulerschen Dgl. in eine lineare Dgl. mit konstanten Koeffizienten durch die Substitution $|x| = e^t$ und die Ausdrücke für $x^{\nu}y^{(\nu)}$. Die Störfunktion unterliegt natürlich auch der Transformation.
- Bestimmung der allgemeinen Lösung der linearen Dgl. mit konstanten Koeffizienten nach dem Ihnen bekannten Verfahren.
- Übergang zur allgemeinen Lösung der gegebenen Eulerschen Dgl. durch Rückgängigmachen der Substitution $|x| = e^t$. Gegebenenfalls ist die Umformung $t = \ln|x|$ erforderlich.

Wenn Sie glauben, dieses Lösungsverfahren sofort anwenden zu können, dann lösen Sie die erste Aufgabe! -----→ 77 B

Sie können sich jedoch auch erst ein Beispiel ansehen.

-----→ 73 A

Sie müßten ergänzt haben $\ddot{z} - \dot{z}$ / $\dddot{z} - 3\ddot{z} + 2\dot{z}$. **75 B**

Sie haben am Ende Ihrer Rechnung einen Fehler begangen, indem Sie $t = x$ gesetzt haben. **75 C**

Berichtigen Sie Ihr Ergebnis! -----→ 76 B

Ihr Ergebnis ist falsch. Sie haben oberflächlich gearbeitet und nicht beachtet, daß Sie $y(x)$ in eine Funktion $z(t)$ transformiert haben. Berichtigen Sie Ihr Ergebnis! -----→ 76 A **75 D**

76 A Haben Sie

$\dddot{z} - 2\ddot{z} - \dot{z} + 2y = 0$ -----→ 75 D

$\dddot{z} - 2\ddot{z} - \dot{z} + 2z = 0$ -----→ 78 A

$\dddot{z} + \ddot{z} - 2\dot{z} + 2z = 0$ -----→ 73 C

ein anderes Ergebnis, dann haben Sie einen Fehler in Ihrer Rechnung. Haben Sie sich das Lösungsbeispiel angesehen?

Nein, dann holen Sie das nach! -----→ 73 A

Ja, dann überprüfen Sie Ihre Rechnung auf elementare Rechenfehler und vergleichen Sie erneut!

---

76 B Vergleichen Sie!

$y = C_1e^{-x} + C_2e^{x} + C_3e^{2x}$ -----→ 75 C

$y = C_1x^{-1} + C_2x + C_3x^2$ -----→ 79 B

$y = C_1|x|^{-1} + C_2|x| + C_3x^2$ -----→ 78 B

$y = C_1e^{-t} + C_2e^{t} + C_3e^{2t}$ -----→ 78 D

$y = C_1e^{-\ln|x|} + C_2e^{\ln|x|} + C_3e^{2\ln|x|}$ -----→ 74 B

Sie haben ein anderes Ergebnis erhalten. -----→ 74 D

Sie sind mit der Aufgabe nicht zurecht gekommen. Haben Sie sich das Lösungsbeispiel gründlich angesehen?

Ja -----→ 77 A

Nein, dann holen Sie das nach! -----→ 73 A

---

76 C Sie haben die Nullstellen des charakteristischen Polynoms falsch bestimmt. Berichtigen Sie Ihre Rechnung und vergleichen Sie dann erneut! -----→ 80 C

---

76 D Sie haben oberflächlich gearbeitet und t = x gesetzt. Die Rücktransformation lautet aber t = ln x.

Berichtigen Sie Ihr Ergebnis! -----→ 80 C

Da Sie die Aufgabe nicht bewältigen konnten, bestimmen Sie zunächst mit uns gemeinsam die allgemeine Lösung der Dgl. **77 A**

$x^2y'' - 3xy' - 5y = 0, \quad x \neq 0.$

<u>Lösungsweg:</u>

- Mit Hilfe der Substitution $|x| = e^t$ entsteht die Dgl. mit konstanten Koeffizienten
  $\ddot{z} - 4\dot{z} - 5z = 0.$
- Bestimmung der allgemeinen Lösung der Dgl. mit konstanten Koeffizienten:
  Aus der Dgl. erhält man die charakteristische Gleichung
  $\lambda^2 - 4\lambda - 5 = 0$ mit den Lösungen $\lambda_1 = -1, \lambda_2 = 5.$
  Die Lösung der Dgl. mit konstanten Koeffizienten lautet
  _ _ _ _ _ _ _ _ _ . ----- 79 C
- Übergang zur allgemeinen Lösung der gegebenen Eulerschen Dgl.
  Wir machen die Substitution $|x| = e^t$ rückgängig und beachten dabei, daß
  $e^{-t} = \frac{1}{e^t}$ und $e^{5t} = (e^t)^5$ ist.
  Damit erhalten wir $y(x) =$ _ _ _ _ _ _ _ _ _ . -----→ 78 C

Überführen Sie die Dgl. $x^3y''' - 3x^2y'' + 2y = 0$, $x \neq 0$, gemeinsam mit uns in eine Dgl. mit konstanten Koeffizienten! **77 B**

<u>Lösungsweg:</u> Wir substituieren $|x| = e^t$.

Damit wird $y(x)$ zu einer Funktion von t, d.h. $y(x) = z(t)$.
Es ergibt sich dann

$x^2y'' =$ _ _ _ _ _ _ _ _ ;

$x^3y''' =$ _ _ _ _ _ _ _ _ . ----- 75 B

Damit entsteht aus der gegebenen Dgl. nach Zusammenfassen und Ordnen

_ _ _ _ _ _ _ _ _ _ _ _ _ _ _ _ _ $= 0.$

Vergleichen Sie! -----→ 74 C

78 A Ihr Ergebnis ist richtig. Lösen Sie nun diese Aufgabe vollständig! Es war $x \neq 0$ vorausgesetzt.

Hinweis: Suchen Sie die Nullstellen unter den Teilern des Absolutgliedes des charakteristischen Polynoms!

-----→ 76 B

---

78 B Sie haben diese Aufgabe gelöst. Bestimmen Sie nun die allgemeine Lösung der Eulerschen Dgl.

$$x^2y'' + 3xy' + 10y = 0, \quad x > 0.$$

-----→ 80 C

---

78 C Ihre Ergänzungen mußten sein:

$$C_1|x|^{-1} + C_2|x|^5.$$

Lösen Sie nun die Aufgabe, mit der Sie vorhin nicht zurecht kamen! Zu bestimmen war die allgemeine Lösung der Dgl.

$$x^3y''' + x^2y'' - 2xy' + 2y = 0.$$

Wir hatten bereits erhalten

$$\dddot{z} - 2\ddot{z} - \dot{z} + 2z = 0.$$

-----→ 76 B

---

78 D Das ist noch nicht das Endergebnis. Sie haben nicht beachtet, daß $y(x)$ in eine Funktion $z(t)$ transformiert wurde.

Führen Sie die Rücktransformation durch! Sie müßten dann das richtige Ergebnis erhalten.

-----→ 76 B

---

78 E Überprüfen Sie nochmals Ihr Ergebnis! Sie haben nicht beachtet, daß in der Aufgabenstellung $x > 0$ vorausgesetzt wurde.

-----→ 80 C

---

78 F Ihr Ergebnis ist falsch. Sie haben einen Fehler beim Aufstellen der allgemeinen Lösung begangen. Informieren Sie sich deshalb nochmals im Abschnitt "Dgln. mit konstanten Koeffizienten"! Vergleichen Sie danach erneut!

--- 29 A -----→ 81 B

79 A

Ihr Ergebnis ist falsch. Wir geben Ihnen deshalb zwei Hinweise:

- Die weiteren Nullstellen des charakteristischen Polynoms sind $\lambda_{3,4} = 1 \pm j$.
- Sie können sich im Abschnitt "Dgln. mit konstanten Koeffizienten" nochmals informieren, wie man den ermittelten Nullstellen entsprechend die allgemeine Lösung der Dgl. mit konstanten Koeffizienten aufstellt.

Berichtigen Sie Ihr Ergebnis! --- 29 A -----→ 81 B

---

79 B

Sie haben ungenau gearbeitet. Ihr Ergebnis ist falsch, da Sie bei der Rücktransformation nicht beachtet haben, daß $t = \ln|x|$ gilt.

Korrigieren Sie Ihren Fehler! -----→ 76 B

---

79 C

Ihre Ergänzung muß lauten $z(t) = C_1e^{-t} + C_2e^{5t}$.

---

79 D

Ihr Ergebnis ist falsch. Sie haben nicht beachtet, daß in der Aufgabenstellung nur $x \neq 0$ vorausgesetzt war. Berichtigen Sie Ihr Ergebnis! -----→ 81 B

---

79 E

Haben Sie

$y = C_1x^2 + C_2x^{-2} + \frac{1}{4}x^2\ln x$, dann haben Sie das richtige Ergebnis und müßten jetzt in der Lage sein, die vorher begonnene Aufgabe zu lösen. -----→ 83 D

bei der Bestimmung einer speziellen Lösung einen Widerspruch erhalten? -----→ 80 D

kein oder ein anderes Ergebnis? -----→ 80 A

---

79 F

Ihr Ergebnis ist falsch, weil $\eta(x) = \ln x$ nicht die gesuchte partikuläre Lösung der inhomogenen Eulerschen Dgl. ist. Bestimmen Sie erneut eine partikuläre Lösung der inhomogenen Dgl.! Vergessen Sie nicht, die Störfunktion vorher zu transformieren!

Vergleichen Sie erneut! -----→ 81 A

80 A Wir geben Ihnen einige Hinweise:

- die charakteristische Gleichung ist $\lambda^2 - 4 = 0$;
- die Lösungen sind $\lambda_1 = 2$, $\lambda_2 = -2$;
- die transformierte Störfunktion lautet $h(t) = 5e^{3t}$.

Vergleichen Sie nach gewissenhaftem Nachrechnen erneut!

-----→ 79 E

---

80 B Vergleichen Sie!

$e^{-t}(C_1\cos 3t + C_2\sin 3t)$ /

$x^{-1}(C_1\cos(3\ln x) + C_2\sin(3\ln x))$.

Gewiß sind Sie jetzt in der Lage, folgende Aufgabe zu lösen. Berechnen Sie die allgemeine Lösung der Dgl.

$x^2y'' + 5xy' + 8y = 0, \quad x \neq 0.$ -----→ 82 B

---

80 C Vergleichen Sie!

$y = C_1x^2 + C_2x^{-4}$ -----→ 76 C

$y = x^{-1}(C_1\cos(3\ln|x|) + C_2\sin(3\ln|x|))$ -----→ 78 E

$y = e^{-x}(C_1\cos 3x + C_2\sin 3x)$ -----→ 76 D

$y = x^{-1}(C_1\cos(3\ln x) + C_2\sin(3\ln x))$ -----→ 83 A

Sie haben ein anderes Ergebnis oder sind zu keinem Ergebnis gelangt? -----→ 82 A

---

80 D Ihr Ergebnis ist falsch. Sie haben die Ansatzmethode auf Eulersche Dgln. übertragen, das geht aber nicht ganz so einfach. Wenn Sie Ihren Fehler nicht finden, dann nutzen Sie den folgenden Lösungsweg:

Bestimmen Sie die allgemeine Lösung der inhomogenen Dgl. mit konstanten Koeffizienten und wenden Sie auf diese die Rücktransformation an!

Vergleichen Sie! -----→ 79 E

81 A

Vergleichen Sie Ihr Ergebnis! Sie haben

$y = C_1x + C_2x \ln x + \ln x$ ------→ 79 F

$y = C_1x + 2 + (C_2x + 1)\ln x$ ------→ 83 E

$y = x(C_1 + C_2\ln x)$ ------→ 83 G

$y = C_1x + C_2x \ln x + x^2\ln x - 2x^2$ ------→ 82 C

ein anderes Ergebnis ------→ 81 D

kein Ergebnis, dann sehen Sie sich erst noch einmal das Lösungsbeispiel gründlich an! Merken Sie sich die Lösungsschritte! --- 84 A ------→ 81 C

---

81 B

Ist Ihr Ergebnis

$y = x^{-2}(C_1 + C_2) + |x|(C_3\cos \ln|x| + C_4\sin \ln|x|)$

------→ 78 F

$y = x^{-2}(C_1 + C_2\ln|x|) + |x|(C_3\cos \ln|x| + C_4\sin \ln|x|)$

------→ 83 C

$y = x^{-2}(C_1 + C_2\ln x) + x(C_3\cos \ln x + C_4\sin \ln x)$

------→ 79 D

hier nicht angegeben? ------→ 79 A

---

81 C

Bestimmen Sie die allgemeine Lösung der Dgl.

$x^2y'' + xy' - 4y = 5x^3, \quad x > 0.$

Vergleichen Sie danach! ------→ 79 E

---

81 D

Ihr Ergebnis ist falsch.
Wir geben Ihnen einige Hinweise:

- charakteristische Gleichung: $\lambda^2 - 2\lambda + 1 = 0$;
- mit den Lösungen: $\lambda_1 = \lambda_2 = 1$;
- transformierte Störfunktion: $h(t) = t$.

Vergleichen Sie nach gewissenhaftem Nachrechnen erneut!

------→ 81 A

82 A Ihr Ergebnis ist falsch, bzw. Sie konnten die Aufgabe nicht lösen. Wir wollen Ihnen helfen und diese Aufgabe mit Ihnen gemeinsam lösen. Ergänzen Sie die fehlenden Terme und prägen Sie sich den Lösungsweg fest ein!

Gesucht ist die allgemeine Lösung der Eulerschen Dgl.

$$x^2y'' + 3xy' + 10y = 0, \quad x > 0.$$

<u>Lösungsweg:</u> Überführung der Eulerschen Dgl. in eine lineare Dgl. mit konstanten Koeffizienten in z(t):

Durch die Substitution $x = e^t$ erhält man

$y(x) = z(t)$, $xy' = \dot{z}$, $x^2y'' = \ddot{z} - \dot{z}$.

Die Dgl. mit konstanten Koeffizienten lautet dann

_ _ _ _ _ _ _ _ _ ----- 84 B

Bestimmen der allgemeinen Lösung der Dgl. mit konstanten Koeffizienten:

Als charakteristische Gleichung erhält man $\lambda^2 + 2\lambda + 10 = 0$ mit den Lösungen $\lambda_1 = -1 + 3j$ und $\lambda_2 = -1 - 3j$.

Die allgemeine Lösung der Dgl. mit konstanten Koeffizienten ist

$z(t) =$ _ _ _ _ _ _ _ _ _ _

Aufstellen der allgemeinen Lösung der gegebenen Eulerschen Dgl.

Wir führen die Rücktransformation $t = \ln x$ durch und erhalten

$y(x) =$ _ _ _ _ _ _ _ _ _ _ -----→ 80 B

---

82 B Die Lösung lautet $y = x^{-2}(C_1\cos(2\ln|x|) + C_2\sin(2\ln|x|))$.

Haben Sie dieses Ergebnis erhalten?

Ja -----→ 83 B

Nein -----→ 85 A

---

82 C Ihr Ergebnis ist falsch. Sie haben bei der Bestimmung der speziellen Lösung der inhomogenen Dgl. einen Fehler gemacht. Berichtigen Sie Ihre Rechnung! -----→ 81 A

83 A

Ihr Ergebnis ist richtig. Arbeiten Sie weiter so gewissenhaft! -----→ 83 B

---

83 B

Ermitteln Sie die allgemeine Lösung der Dgl.

$$x^4y^{(4)} + 8x^3y''' + 11x^2y'' + xy' + 8y = 0, \quad x \neq 0.$$

Hinweis: Zwei Nullstellen des charakteristischen Polynoms sind $\lambda_1 = \lambda_2 = -2$. -----→ 81 B

---

83 C

Ihr Ergebnis ist richtig. Welche der fünf Dgln. sind Eulersche Dgln.? Schreiben Sie diese in Normalform auf und vergleichen Sie!

(1) $x^3y''' = x^2y' + y$;

(2) $y'' + \frac{7}{x}y' + \frac{9}{x^2}y = 0$;

(3) $\frac{3}{x}y' = -xy''' - 3y''$;

(4) $\frac{1}{x^3}y''' + \frac{5}{x}y'' + \frac{2}{x^2}y' = 0$;

(5) $-xy' = x^2y''$.

Es sei stets $x > 0$. -----→ 85 B

---

83 D

Zu bestimmen ist die allgemeine Lösung der Dgl.

$$x^2y'' - xy' + y = \ln x, \quad x > 0.$$

-----→ 81 A

---

83 E

Ihr Ergebnis ist richtig. Sie können die nächste Aufgabe in Angriff nehmen. Ermitteln Sie die partikuläre Lösung der Dgl.

$$y'' + \frac{1}{x}y' + \frac{1}{x^2}y = \frac{2}{x^3} \quad \text{mit } x > 0,\ y(1) = 3,\ y'(1) = -2.$$

-----→ 85 C

---

83 F

Nach der Rücktransformation müßten Sie

$C_1x + C_2\sqrt{x} + x \ln x$ erhalten haben. -----→ 83 D

---

83 G

Ihr Ergebnis ist unvollständig. Sie haben nur die allgemeine Lösung der homogenen Dgl. ermittelt. Bestimmen Sie nun noch eine spezielle Lösung der inhomogenen Dgl. und schreiben Sie dann die allgemeine Lösung der inhomogenen Dgl. auf! -----→ 81 A

84 A Es ist die allgemeine Lösung der Eulerschen Dgl.

$$2x^2y'' - xy' + y = x, \quad x > 0$$

gesucht.

Lösungsweg: Überführung in eine Dgl. mit konstanten Koeffizienten.

Substitution: $x = e^t$.

Damit folgt $2\ddot{z} - 3\dot{z} + z = e^t$.

Bestimmung der allgemeinen Lösung der Dgl. mit konstanten Koeffizienten:

Ermittlung der allgemeinen Lösung $\bar{z}(t)$ der homogenen Dgl.:

Sie lautet $\bar{z}(t) = C_1e^t + C_2e^{\frac{1}{2}t}$.

Bestimmung einer speziellen Lösung $\eta(t)$ der inhomogenen Dgl.:

Ansatz: $\eta(t) = Ae^tt$, da $\alpha = 1$ Lösung der charakteristischen Gleichung;

$\dot{\eta}(t) = Ae^tt + Ae^t$; $\ddot{\eta}(t) = Ae^tt + 2Ae^t$.

Der Ansatz und seine Ableitungen werden in die Dgl. mit konstanten Koeffizienten eingesetzt.

Aus dem Koeffizientenvergleich folgt $A = 1$, also

$\eta(t) = e^tt$.

Aufstellen der allgemeinen Lösung der Dgl. mit konstanten Koeffizienten:

$z(t) = \bar{z}(t) + \eta(t)$;

$z(t) = C_1e^t + C_2e^{\frac{1}{2}t} + e^tt$.

Aufstellen der allgemeinen Lösung der gegebenen Eulerschen Dgl.

Wir führen die Rücktransformation $t = \ln x$ aus.

$y(x) =$ _ _ _ _ _ _ _ _ _ _ -----→ 83 F

---

84 B Vergleichen Sie! Ihre Ergänzung mußte lauten

$$\ddot{z} + 2\dot{z} + 10z = 0.$$

85 A

Ihr Ergebnis ist falsch. Wir hoffen, daß Sie mit Hilfe der folgenden Hinweise zum richtigen Ergebnis gelangen!

- Charakteristische Gleichung: $\lambda^2 + 4\lambda + 8 = 0$.
- Die Lösungen dieser Gleichung sind: $\lambda_{1,2} = -2 \pm 2j$.
- Vergessen Sie nicht, die Rücktransformation $t = \ln|x|$ durchzuführen!

-----→ 82 B

---

85 B

Sie müßten zu der Meinung gekommen sein:

(2) $x^2y'' + 7xy' + 9y = 0, \quad x > 0;$

(3) $x^3y''' + 3x^2y'' + 3xy' = 0, \quad x > 0;$

(5) $x^2y'' + xy' = 0, \quad x > 0$

sind Eulersche Dgln.

Hatten Sie bisher größere Schwierigkeiten beim Lösen der vorgegebenen Aufgaben?

Ja, dann festigen Sie Ihre Fertigkeiten und bestimmen die allgemeinen Lösungen dieser drei Dgln.!

Vergleichen Sie anschließend! -----→ 87 B

Nein, dann wollen wir jetzt inhomogene Eulersche Dgln. lösen. Möchten Sie sich erst ein Beispiel ansehen?

Ja -----→ 84 A

Nein -----→ 83 D

---

85 C

Vergleichen Sie!

$y = x^{-1} + C_1\cos(\ln x) + C_2\sin(\ln x)$ -----→ 86 B

$y = x^{-1} + 2\cos(\ln x) - \sin(\ln x)$ -----→ 87 A

Sie haben kein oder ein anderes Ergebnis. -----→ 87 C

---

85 D

Leistungskontrolle (Dauer 30 Min.)

1. $x^4y^{(4)} + 3x^2y'' - 5xy' + 5y = 0, \quad x > 0.$
2. $y'' - 6\frac{y'}{x} + 10\frac{y}{x^2} = \frac{1}{x^2}\cos(\ln x).$

Vergleichen Sie Ihre Lösungswege und Ergebnisse mit den angegebenen! Bewerten Sie Ihre Leistungen selbst nach dem Ihnen bekannten Maßstab! -----→ 86 A

86 A 1. Aufgabe — Punkte

Charakteristische Gleichung:

$\lambda^4 - 6\lambda^3 + 14\lambda^2 - 14\lambda + 5 = 0$ — 2

mit den Lösungen $\lambda_{1,2} = 1$, $\lambda_{3,4} = 2 \pm j$. — 3

Lösung der Dgl. mit konstanten Koeffizienten:

$z(t) = (C_1 + C_2 t)e^t + e^{2t}(C_3 \cos t + C_4 \sin t)$. — 1

Lösung der Eulerschen Dgl.:

$y(x) = x(C_1 + C_2 \ln x) + x^2(C_3 \cos(\ln x) + C_4 \sin(\ln x))$. — 1

— 7

2. Aufgabe

Normalform: $x^2y'' - 6xy' + 10y = \cos(\ln x)$. — 1

Dgl. mit konstanten Koeffizienten:

$\ddot{z} - 7\dot{z} + 10z = \cos t$. — 1

Charakteristische Gleichung: $\lambda^2 - 7\lambda + 10 = 0$ — 1

mit den Lösungen $\lambda_1 = 2$, $\lambda_2 = 5$. — 2

Lösung der Dgl. mit konstanten Koeffizienten:

$\bar{z}(t) = C_1 e^{2t} + C_2 e^{5t}$. — 1

$\eta(t) = \frac{9}{130}\cos t - \frac{7}{130}\sin t$. — 2

Lösung der Eulerschen Dgl.:

$y(x) = C_1 x^2 + C_2 x^5 + \frac{9}{130}\cos(\ln x) - \frac{7}{130}\sin(\ln x)$. — 1

— 9

Damit sind Sie am Ende dieses Abschnittes angekommen. .
Falls Sie sich mit Systemen von linearen Dgln. beschäftigen wollen -----→ 88 A

---

86 B Ihr Ergebnis ist noch nicht die gesuchte Lösung, denn es lag ein Anfangswertproblem mit $y(1) = 3$, $y'(1) = -2$ vor.
Bestimmen Sie noch C_1 und C_2 und damit die gesuchte partikuläre Lösung! -----→ 85 C

Sie haben gut gearbeitet, Ihr Ergebnis ist richtig. **87 A**
Lösen Sie nun folgende Aufgaben! Geben Sie Ihre Berechnungen bei Ihrem Betreuer ab!

1. $x^3y''' - 2x^2y'' + 13xy' - 13y = 0,\ x \neq 0.$
2. $x^2y'' - 5xy' + 25y = 25(\ln|x|)^3 + 32(\ln|x|)^2 - 18\ln|x| - 21.$
3. $x^2y''' + y' = \frac{x + y}{x}$ mit $y(e) = e,\ y'(e) = 1,\ y''(e) = 0.$

Überprüfen Sie Ihre neu erworbenen Fertigkeiten in einer Leistungskontrolle! -----→ 85 D

Wir geben Ihnen hier auch einige Zwischenergebnisse an. **87 B**
Berichtigen Sie gegebenenfalls Ihre Fehler, bevor Sie im Programm weiterarbeiten!

Dgl.	char. Gleichung	Nullstellen	allgemeine Lösung y(x)
(2)	$\lambda^2 + 6\lambda + 9 = 0$	$\lambda_{1,2} = -3$	$(C_1 + C_2\ln x)x^{-3}$
(3)	$\lambda^3 + 2\lambda = 0$	$\lambda_1 = 0,$	$C_1 + C_2\cos(\sqrt{2}\ln x)$
		$\lambda_{2,3} = \pm\sqrt{2}\, j$	$+ C_3\sin(\sqrt{2}\ln x)$
(5)	$\lambda^2 + \lambda = 0$	$\lambda_1 = 0,\ \lambda_2 = -1$	$C_1 + C_2x^{-1}$

-----→ 84 A

Sie haben falsch gerechnet. **87 C**

- Überführen Sie diese Dgl. in die Normalform der Eulerschen Dgl.
- Sie müßten dann die Nullstellen $\lambda_{1,2} = \pm j$ des charakteristischen Polynoms erhalten haben.

Beachten Sie die gegebenen Hinweise und rechnen Sie gewissenhaft! -----→ 85 C

Systeme von linearen Differentialgleichungen mit konstanten Koeffizienten

88 A I. Lösung von Systemen linearer Differentialgleichungen mit konstanten Koeffizienten

Im vorliegenden Abschnitt wollen wir Systeme von linearen Dgln. betrachten, die folgende allgemeine Form haben:

$$\begin{aligned}
y_1'(x) &= a_{11}y_1(x) + a_{12}y_2(x) + \dots + a_{1n}y_n(x) + g_1(x) \\
y_2'(x) &= a_{21}y_1(x) + a_{22}y_2(x) + \dots + a_{2n}y_n(x) + g_2(x) \\
&\vdots \\
y_n'(x) &= a_{n1}y_1(x) + a_{n2}y_2(x) + \dots + a_{nn}y_n(x) + g_n(x) \\
&a_{i,k} \text{ konstant}, \quad i,k = 1, 2, \dots, n.
\end{aligned} \qquad (1)$$

Unter der Ordnung eines Systems von linearen Dgln. versteht man die Summe der Ordnungen der einzelnen Dgln.

In unserem Fall ist die Ordnung des Systems n. Es gibt aber auch Systeme, in denen Dgln. höherer Ordnung vorkommen. Wir werden nur Systeme lösen, in denen Dgln. erster Ordnung auftreten.

In einem ersten Abschnitt beschäftigen wir uns zunächst mit homogenen Systemen von linearen Dgln. mit konstanten Koeffizienten. Welche Bedingung muß an (1) gestellt werden, damit ein homogenes System vorliegt? ----- 90 B

Eine Möglichkeit, das zu (1) gehörige homogene System zu lösen, besteht darin, daß man folgenden Ansatz bildet:

$$y_i = c_i e^{\lambda x}, \quad i = 1, 2, \dots, n.$$

Da die Funktionen $y_i = c_i e^{\lambda x}$, $i = 1, 2, \dots, n$, Lösungen des zu (1) gehörenden homogenen Systems sein sollen, müssen diese Funktionen und ihre Ableitungen $y_i' = \lambda c_i e^{\lambda x}$, $i = 1, 2, \dots, n$, das homogene System von Dgln. erfüllen.

-----→ 89 A

Nach Einsetzen und elementaren Umformungen erhält man **89 A**

$$\left.\begin{array}{l} (a_{11} - \lambda)c_1 + a_{12}c_2 + \ldots + a_{1n}c_n = 0 \\ a_{21}c_1 + (a_{22} - \lambda)c_2 + \ldots + a_{2n}c_n = 0 \\ \vdots \\ a_{n1}c_1 + a_{n2}c_2 + \ldots + (a_{nn} - \lambda)c_n = 0. \end{array}\right\} \quad (2)$$

Die Koeffizientendeterminante dieses Systems ist

$$D(\lambda) = \begin{vmatrix} a_{11} - \lambda & a_{12} & \ldots & a_{1n} \\ a_{21} & a_{22} - \lambda & \ldots & a_{2n} \\ \vdots & & & \\ a_{n1} & a_{n2} & \ldots & a_{nn} - \lambda \end{vmatrix}$$

Für (2) existiert eine nichttriviale Lösung $(c_1, c_2, \ldots, c_n)$ genau dann, wenn $D(\lambda) = 0$ ist.

$D(\lambda) = 0$ ist eine Gleichung n-ten Grades für die λ_i. Diese Gleichung wird als <u>charakteristische Gleichung</u> bezeichnet.

Das Zwischenergebnis für die allgemeine Lösung des Systems von homogenen linearen Dgln., für alle λ_i $(i = 1, 2, \ldots, n)$ verschieden und reell, lautet:

$$\left.\begin{array}{l} y_1(x) = c_{11}e^{\lambda_1 x} + c_{12}e^{\lambda_2 x} + \ldots + c_{1n}e^{\lambda_n x} \\ y_2(x) = c_{21}e^{\lambda_1 x} + c_{22}e^{\lambda_2 x} + \ldots + c_{2n}e^{\lambda_n x} \\ \vdots \\ y_n(x) = c_{n1}e^{\lambda_1 x} + c_{n2}e^{\lambda_2 x} + \ldots + c_{nn}e^{\lambda_n x} \end{array}\right\} \quad (3)$$

Treten komplexe oder mehrfache reelle Lösungen bzw. Kombinationen der verschiedenen Fälle auf, ist (3) entsprechend aufzustellen (vgl. auch 29 A).

In dem von uns beschrittenen Weg treten in (3) noch $n \cdot n$ Konstanten auf. Da in der allgemeinen Lösung eines Systems n-ter Ordnung genau n Konstanten auftreten, müssen Konstanten eliminiert werden. Das geschieht durch Differentiation von Gleichungen des Systems (3), Einsetzen in das gegebene Gleichungssystem und anschließenden Koeffizientenvergleich. Dabei werden nicht alle Gleichungen des Systems benötigt. -----→ 90 A

90 A Zu bestimmen ist die allgemeine Lösung des Dgl.-Systems

$$y(x) - y'(x) + 2z(x) = 0$$
$$2y(x) + z(x) - z'(x) = 0.$$

Lösungsweg: Herstellen der expliziten Form des Dgl.-Systems entsprechend dem System (1) in 88 A:

$$\begin{aligned} y'(x) &= y(x) + 2z(x) \\ z'(x) &= 2y(x) + z(x). \end{aligned} \qquad (1')$$

Beachten Sie: Ordnen Sie y, z und deren erste Ableitungen entsprechend der Reihenfolge der unabhängigen Variablen im System (1).

Aufstellen der Determinante $D(\lambda)$ und Lösen der charakteristischen Gleichung ergibt

$$D(\lambda) = \begin{vmatrix} 1-\lambda & 2 \\ 2 & 1-\lambda \end{vmatrix} = \lambda^2 - 2\lambda - 3 = 0$$

und $\lambda_1 = -1$, $\lambda_2 = 3$.

Aufstellen der allgemeinen Lösung, in der noch Konstanten zu eliminieren sind. Um Doppelindizes zu vermeiden, verwenden wir als Konstanten A_1, A_2, B_1, B_2.

$$\begin{aligned} y(x) &= A_1e^{-x} + A_2e^{3x} \\ z(x) &= B_1e^{-x} + B_2e^{3x}. \end{aligned} \qquad (2')$$

Koeffizientenvergleich:
Durch Differentiation und Einsetzen von (2') in eine Dgl. des Systems (1') (wir haben hier in die erste Dgl. eingesetzt) erhält man

$$-A_1e^{-x} + 3A_2e^{3x} = A_1e^{-x} + A_2e^{3x} + 2B_1e^{-x} + 2B_2e^{3x}.$$

Nach Koeffizientenvergleich bei e^{-x} und e^{3x} ergibt sich $A_2 = B_2$ und $-A_1 = B_1$.

Geben Sie nun die allgemeine Lösung an! -----→ 93 A

---

90 B Es muß gelten $g_i(x) \equiv 0$; $i = 1, 2, \ldots, n$.

Haben Sie als Ergebnis

91 A

$$y = -\frac{1}{2}B_1e^{-x} + B_2e^{-7x}$$
$$z = B_1e^{-x} + B_2e^{-7x}$$ -----→ 93 B

$$y = A_1e^{-2x} + A_2e^{-7x}$$
$$z = -\frac{3}{2}A_1e^{-2x} + A_2e^{-7x}$$ -----→ 92 D

$$y = A_1e^{-x} + A_2e^{-7x}$$
$$z = -2A_1e^{-x} + A_2e^{-7x}$$ -----→ 93 C

$$y = A_1e^{7x} + A_2e^{2x}$$
$$z = -6A_1e^{7x} - \frac{7}{2}A_2e^{2x}$$ -----→ 92 A

Sie haben kein Ergebnis erhalten, bzw. Ihr Ergebnis stimmt mit den angegebenen nicht überein. -----→ 94 A

Haben Sie

91 B

das Ergebnis

$$y = A_1e^{8x} + A_2$$
$$z = 2A_1e^{8x} - \frac{2}{3}A_2$$ -----→ 93 C

das Zwischenergebnis

$$y = A_1e^{8x} + A_2$$
$$z = B_1e^{8x} + B_2$$ -----→ 92 H

die charakteristische Gleichung

$\lambda^2 - 6\lambda - 10 = 0$

mit den Lösungen $\lambda_{1,2} = 3 \pm \sqrt{19}$ -----→ 92 F

92 A Ihr Ergebnis ist falsch. Sie haben das System vor dem Aufstellen der Determinante nicht in die explizite Form gebracht. Beachten Sie das und vergleichen Sie erneut! -----→ 91 A

---

92 B A_2e^{-7x} / B_2e^{-7x} / $-2A_1$ / A_2 / $A_1e^{-x} + A_2e^{-7x}$ / $-2A_1e^{-x} + A_2e^{-7x}$

Vergleichen Sie mit Ihren Ergänzungen und korrigieren Sie gegebenenfalls. Lösen Sie dann die nächste Aufgabe! -----→ 92 C

---

92 C Lösen Sie das System von Dgln.

$$\left.\begin{aligned} y' &= 2y + 3z \\ z' &= 6z + 4y; \end{aligned}\right\} y = y(x), \quad z = z(x).$$

-----→ 91 B

---

92 D Ihr Ergebnis ist falsch. Sie haben bei der Herstellung der expliziten Form die Reihenfolge der Summanden nicht berücksichtigt. Vergleichen Sie mit dem Beispiel in 90 A und rechnen Sie die Aufgabe noch einmal! -----→ 90 A

---

92 E Ihr Ergebnis ist falsch. Sie haben sich bestimmt beim Koeffizientenvergleich verrechnet. Kontrollieren und korrigieren Sie Ihre Rechnung an dieser Stelle! -----→ 95 A

---

92 F Sie haben die explizite Form des Systems nicht richtig aufgeschrieben. Beachten Sie die Reihenfolge von y und z.
Lösen Sie die Aufgabe noch einmal! -----→ 92 C

---

92 G Die richtigen Ergänzungen lauten

$$\begin{vmatrix} -5-\lambda & -2 \\ -4 & -3-\lambda \end{vmatrix} \; / \; \lambda^2 + 8\lambda + 7 = 0 \; / \; -1 \; / \; -7.$$

---

92 H Drücken Sie nun noch B_1 und B_2 durch A_1 und A_2 aus!

-----→ 91 B

93 A

Die allgemeine Lösung des Dgl.-Systems lautet, je nachdem, ob Sie die Konstanten A_i oder B_i $(i = 1, 2)$ ersetzt haben

$$y = A_1 e^{-x} + A_2 e^{3x} \quad \text{oder} \quad y = -B_1 e^{-x} + B_2 e^{3x}$$

$$z = -A_1 e^{-x} + A_2 e^{3x} \qquad\qquad z = B_1 e^{-x} + B_2 e^{3x}.$$

Lösen Sie die nächste Aufgabe selbständig!

Zu bestimmen ist die allgemeine Lösung des Dgl.-Systems

$$y'(x) + 5y(x) + 2z(x) = 0$$

$$z'(x) + 3z(x) + 4y(x) = 0.$$

-----→ 91 A

---

93 B

Ihr Ergebnis ist richtig. Um aber vergleichbare Ergebnisse zu erhalten, wollen wir die Konstanten der zweiten Gleichung im Ansatz für die allgemeine Lösung durch die Konstanten der ersten Gleichung (hier A_i) ersetzen. Berücksichtigen Sie das bitte bei den nachfolgenden Aufgaben!

-----→ 93 D

---

93 C

Ihr Ergebnis ist richtig. Lösen Sie die nächste Aufgabe ebenso erfolgreich!

-----→ 93 D

---

93 D

Zu bestimmen sind die allgemeine und die partikuläre Lösung von

$$z'(x) = -y(x) + z(x)$$

$$y'(x) = y(x) + z(x)$$

mit den Anfangswerten $y(0) = 1$, $z(0) = 0$.

Bestimmen Sie zunächst die allgemeine Lösung!

-----→ 95 A

---

93 E

Ihr Ergebnis ist falsch. Ihnen ist beim Herstellen der expliziten Form des Systems ein Fehler unterlaufen. Korrigieren Sie diesen und lösen Sie die Aufgabe nochmals!

-----→ 93 D

---

93 F

Beachten Sie, daß man die Konstanten ermittelt, indem man die Anfangswerte $y(0) = 1$ und $z(0) = 0$ in die von Ihnen richtig berechnete allgemeine Lösung einsetzt. Vergleichen Sie erneut!

-----→ 94 B

94 A Sie konnten die allgemeine Lösung nicht ermitteln. Wir wollen deshalb die Aufgabe gemeinsam lösen. Füllen Sie die Lücken im Lösungsweg aus!

<u>Lösungsweg:</u> Herstellen der expliziten Form des Systems und

Ordnen: $y' = -5y - 2z$

$z' = -4y - 3z.$

Bestimmen der Lösungen λ_i:

Determinante $D(\lambda)$ = _ _ _ _ _ _ = 0.

Charakteristische Gleichung: _ _ _ _ _ _ _ _ ;

Lösungen der char. Gleichung: λ_1 = _ _ ; λ_2 = _ _

----- 92 G

Aufstellen der allgemeinen Lösung:

$y = A_1e^{-x}$ + _ _ _ _

$z = B_1e^{-x}$ + _ _ _ _

Wir setzen y', y und z in die erste Gleichung des Systems ein und führen Koeffizientenvergleich durch.

Man erhält für B_1 = _ _ _ _ _ ; B_2 = _ _ _ _ _ .

Die allgemeine Lösung lautet demnach

y = _ _ _ _ _ _ _ _ _ , z = _ _ _ _ _ _ _ _ _ .

Schauen Sie nach, ob Sie die Leerstellen richtig ergänzt haben! -----→ 92 B

---

94 B Haben Sie die partikuläre Lösung

$y = e^x \cos x$

$z = -e^x \sin x$

erhalten, dann lösen Sie die nächste Aufgabe! -----→ 94 C

Sie konnten die partikuläre Lösung nicht bestimmen. -----→ 93 F

---

94 C Bestimmen Sie die allgemeine Lösung des Systems von Dgln.

$$\left.\begin{array}{l}\dot{x} + 3x + y = 0\\ \dot{y} - x + y = 0;\end{array}\right\} x = x(t),\quad y = y(t).$$

Vergleichen Sie! -----→ 96 A

Was haben Sie als allgemeine Lösung erhalten? **95 A**

$y = e^x(A_1\cos x + A_2\sin x)$

$z = e^x(A_2\cos x + A_1\sin x)$ -----→ 92 E

$y = A_1e^{\sqrt{2}x} + A_2e^{-\sqrt{2}x}$

$z = A_1(\sqrt{2} - 1)e^{\sqrt{2}x} + A_2(-1 - \sqrt{2})e^{-\sqrt{2}x}$ -----→ 93 E

$y = e^x(A_1\cos x + A_2\sin x)$

$z = e^x(A_2\cos x - A_1\sin x)$ -----→ 97 C

$y = e^x(-A_2\cos x + A_1\sin x)$

$z = e^x(A_1\cos x + A_2\sin x)$ -----→ 96 B

Sie haben ein anderes Ergebnis erhalten. -----→ 96 C

Verwenden Sie den Ansatz für die allgemeine Lösung bei mehrfachen reellen Nullstellen! Hier ist $\lambda_{1,2} = -2$. **95 B**

$x = (A_1 + A_2t)e^{-2t}, \quad y = (B_1 + B_2t)e^{-2t}.$

Drücken Sie nun noch B_1 und B_2 durch A_1 und A_2 aus! -----→ 96 A

Das richtige Ergebnis ist **95 C**

$x(t) = A_1e^t + A_2te^t + A_3$

$y(t) = (A_1 + A_2)e^t + A_2te^t$

$z(t) = (A_1 + 2A_2)e^t + A_2te^t.$ -----→ 98 A

Sie haben als Zwischenergebnis

$x(t) = A_1e^t + A_2te^t + A_3$

$y(t) = B_1e^t + B_2te^t + B_3$

$z(t) = C_1e^t + C_2te^t + C_3.$ -----→ 97 E

Sie kamen mit der Aufgabe nicht zurecht. -----→ 97 A

96 A Die Lösung heißt

$$x = (A_1 + A_2t)e^{-2t}, \quad y = (-A_1 - A_2)e^{-2t} - A_2te^{-2t}.$$

Lösen Sie nun die Aufgabe 97 B und beachten Sie, daß dort eine Kombination von einfachen und doppelten reellen Nullstellen auftritt! -----→ 97 B

Sie konnten den Ansatz für die allgemeine Lösung nicht aufstellen. -----→ 95 B

---

96 B Ihr Ergebnis ist richtig. Damit wir aber vergleichbare Ergebnisangebote aufstellen können, ist es erforderlich, daß Sie sich künftig an die in 90 A vorgegebene Reihenfolge halten! Bestimmen Sie nun noch die partikuläre Lösung für die Anfangswerte $y(0) = 1$ und $z(0) = 0$ und vergleichen Sie! -----→ 94 B

---

96 C Ihr Ergebnis ist falsch.

Haben Sie den Ansatz für die allgemeine Lösung des Gleichungssystems

$$y = e^x(A_1\cos x + A_2\sin x)$$

$$z = e^x(B_1\cos x + B_2\sin x)$$

verwendet?

Ja, dann haben Sie bis zu dieser Stelle richtig gerechnet. Differenzieren Sie die Gleichungen und drücken Sie, nachdem Sie die Lösung und ihre Ableitungen in eine Dgl. des gegebenen Systems eingesetzt haben, durch Koeffizientenvergleich die Konstanten B_1 und B_2 durch A_1 und A_2 aus! -----→ 95 A

Nein, dann vergleichen Sie zunächst die Lösungen der charakteristischen Gleichung mit den angegebenen! -----→ 96 D

---

96 D Lösungen der charakteristischen Gleichung: $\lambda_1 = 1 + j$

$\lambda_2 = 1 - j.$

Ansatz für die allgemeine Lösung: $y = e^x(A_1\cos x + A_2\sin x)$

$z = e^x(B_1\cos x + B_2\sin x).$

Lösen Sie nun die Aufgabe zu Ende! -----→ 95 A

Hinweis: **97 A**

$$D(\lambda) = \begin{vmatrix} -\lambda & 1 & 0 \\ 0 & -\lambda & 1 \\ 0 & -1 & 2-\lambda \end{vmatrix} = 0.$$

Beachten Sie beim Aufstellen des Ansatzes für die allgemeine Lösung: Mehrfache Nullstellen!
Jetzt müßten Sie diese Aufgabe lösen können.
Vergleichen Sie erneut! -----→ 95 C

Zu bestimmen ist die allgemeine Lösung des Systems **97 B**

$$\dot{x}(t) = y(t)$$
$$\dot{y}(t) = z(t)$$
$$\dot{z}(t) = -y(t) + 2z(t).$$

Vergleichen Sie mit dem Ergebnisangebot! -----→ 95 C

Sie haben die allgemeine Lösung richtig berechnet. Bestimmen Sie nun noch die partikuläre Lösung für die Anfangswerte $y(0) = 1$ und $z(0) = 0$ und vergleichen Sie! -----→ 94 B **97 C**

Sie müßten ergänzt haben **97 D**

$$A_1 e^x + A_2 e^{-x} + A_3 \cos x + A_4 \sin x$$
$$B_1 e^x + B_2 e^{-x} + B_3 \cos x + B_4 \sin x.$$

Ihr Zwischenergebnis ist richtig. Es treten jedoch noch 9 Konstanten auf. Da ein Dgl.-System dritter Ordnung vorlag, dürfen in der Lösung nur drei Konstanten enthalten sein. **97 E**
Drücken Sie die Konstanten B_i und C_i durch A_i $(i = 1, 2, 3)$ aus! -----→ 95 C

98 A Die bisher behandelte Methode zur Lösung von Systemen führt auch bei homogenen Systemen linearer Dgln. höherer Ordnung mit konstanten Koeffizienten zum Ziel. Wir zeigen Ihnen das an folgendem Beispiel. Beachten Sie die Analogie zur bisherigen Vorgehensweise!

Gesucht ist die allgemeine Lösung des Systems

$$\left.\begin{matrix} y'' - z = 0 \\ z'' - y = 0 \end{matrix}\right\} \text{ mit } y = y(x), \quad z = z(x).$$

<u>Lösungsweg:</u> $y = Ae^{\lambda x}, \qquad z = Be^{\lambda x},$

$y' = \lambda Ae^{\lambda x}, \qquad z' = \lambda Be^{\lambda x},$

$y'' = \lambda^2 Ae^{\lambda x}, \qquad z'' = \lambda^2 Be^{\lambda x}.$

y, y'', z, z'' werden in das gegebene System eingesetzt. Wir erhalten

$$\lambda^2 Ae^{\lambda x} - Be^{\lambda x} = 0$$

$$-Ae^{\lambda x} + \lambda^2 Be^{\lambda x} = 0.$$

Damit dieses Gleichungssystem eine nichttriviale Lösung besitzt, muß

$$D(\lambda) = \begin{vmatrix} \lambda^2 & -1 \\ -1 & \lambda^2 \end{vmatrix} = 0$$

sein. Das führt auf die charakteristische Gleichung

$\lambda^4 - 1 = 0$. Man erhält als Lösungen der charakteristischen Gleichung $\lambda_1 = 1$, $\lambda_2 = -1$, $\lambda_3 = j$, $\lambda_4 = -j$.

Stellen Sie mit diesen λ-Werten den Ansatz für die allgemeine Lösung auf!

$y =$ __________

$z =$ __________ -----→ 97 D

Um den Koeffizientenvergleich durchführen zu können, differenzieren wir die erste Gleichung zweimal. Durch Einsetzen von y'' und z in die erste Dgl. des gegebenen Systems und Koeffizientenvergleich erhält man für

$A_1 = B_1$, $A_2 = B_2$, $A_3 = -B_3$, $A_4 = -B_4$.

Formulieren Sie nun die allgemeine Lösung. -----→ 100 A

Zu bestimmen ist die allgemeine Lösung des Systems **99 A**

$$\dot{x} - 4x - y = 0$$
$$\dot{y} + 2x - y = -2e^{t}.$$

Dieses System ist inhomogen. Wie auch bei inhomogenen Dgln. kann man bei inhomogenen Systemen von Dgln. sowohl die Ansatzmethode als auch die Variation der Konstanten verwenden. Es muß als erstes die allgemeine Lösung des zugehörigen homogenen Systems ermittelt werden.

Führen Sie das aus und vergleichen Sie! -----→ 101 B

Was Sie berechnet haben, ist nicht die allgemeine, sondern eine spezielle (partikuläre) Lösung. Der Fehler ist dadurch entstanden, daß Sie beim Bestimmen der $C_i(x)$, $i = 1, 2$, keine neuen Konstanten addiert haben. **99 B**

Korrigieren Sie Ihren Fehler! -----→ 100 B

Die Lösung des inhomogenen Systems nach der Methode der Variation der Konstanten führen wir gemeinsam durch. Denken Sie bei jedem Schritt genau mit! **99 C**

Man betrachtet A_1 und A_2 als Funktionen von t und bildet die ersten Ableitungen:

$$x = A_1(t)e^{2t} + A_2(t)e^{3t}$$
$$y = -2A_1(t)e^{2t} - A_2(t)e^{3t};$$
$$\dot{x} = \dot{A}_1(t)e^{2t} + 2A_1(t)e^{2t} + \dot{A}_2(t)e^{3t} + 3A_2(t)e^{3t}$$
$$\dot{y} = -2\dot{A}_1(t)e^{2t} - 4A_1(t)e^{2t} - \dot{A}_2(t)e^{3t} - 3A_2(t)e^{3t}.$$

x, y, $\dot{x}$, $\dot{y}$ werden in das gegebene System eingesetzt. Nach Zusammenfassen entsteht das Gleichungssystem:

$$\dot{A}_1e^{2t} + \dot{A}_2e^{3t} = 0$$
$$-2\dot{A}_1e^{2t} - \dot{A}_2e^{3t} = -2e^{t}.$$

Das ist ein Gleichungssystem, aus dem die Unbekannten $\dot{A}_1$ und $\dot{A}_2$ ermittelt werden.

$$\dot{A}_1 = 2e^{-t}; \quad \dot{A}_2 = -2e^{-2t}.$$

Ermitteln Sie die Konstanten A_1 und A_2 und geben Sie die allgemeine Lösung des Systems an! -----→ 103 B

100 A Die allgemeine Lösung heißt

$$y = A_1e^t + A_2e^{-t} + A_3\cos t + A_4\sin t$$

$$z = A_1e^t + A_2e^{-t} - A_3\cos t - A_4\sin t$$

oder $$y = B_1e^t + B_2e^{-t} - B_3\cos t - B_4\sin t$$

$$z = B_1e^t + B_2e^{-t} + B_3\cos t + B_4\sin t.$$

Sie werden bemerkt haben, daß keine zusätzliche Schwierigkeit auftritt, wenn es sich um Dgln. höherer Ordnung handelt. Wir wollen daher diesen Fall nicht besonders üben.

In einem nächsten Abschnitt kommen wir zu inhomogenen Systemen von Dgln. mit konstanten Koeffizienten.
Schauen Sie sich dazu zunächst ein Beispiel an! -----→ 99 A

---

100 B Wie lautet Ihr Ergebnis?

$x = -1, \quad y = t$ -----→ 99 B

$x = C_1e^t + C_2e^{-t} - 1, \quad y = -C_1e^t + C_2e^{-t} + t$ -----→ 102 D

Sie haben kein oder ein anderes als hier angegebenes Ergebnis. -----→ 102 A

---

100 C Die allgemeine Lösung des zugehörigen homogenen Systems lautet

$$\bar{x} = A_1 + A_2e^{-2t}$$

$$\bar{y} = A_1 - A_2e^{-2t}.$$

Bevorzugen Sie zur Bestimmung der allgemeinen Lösung des inhomogenen Systems

das Verfahren der Variation der Konstanten? -----→ 102 C

die Ansatzmethode? -----→ 103 C

---

100 D Die Ergänzungen müssen lauten:

$$\dot{A}_1 + \dot{A}_2e^{-2t} - 2A_2e^{-2t} \; / \; \dot{A}_1 - \dot{A}_2e^{-2t} + 2A_2e^{-2t}.$$

101 A

Die Lösung des inhomogenen Systems nach der Ansatzmethode bestimmen wir gemeinsam. Sie werden feststellen, daß es sich im Vergleich zu inhomogenen Dgln. mit konstanten Koeffizienten um nichts Neues handelt, solange keine Resonanz vorliegt. Das gegebene System war

$$\dot{x} - 4x - y = 0$$
$$\dot{y} + 2x - y = -2e^t.$$

In einem System mit zwei Gleichungen treten zwei Störfunktionen auf. In unserem Fall sind $g_1(x) = 0$ und $g_2(x) = -2e^t$.
Da die Lösung aus zwei Funktionen besteht, benötigen wir für jede Funktion x(t) und y(t) einen Ansatz. Diese Ansätze richten sich nach der Summe der beiden Störfunktionen, sie unterscheiden sich nur in den zu bestimmenden Koeffizienten. Es wird

für $x(t)$: $\eta_1(t) = D_1 e^t$ und $\dot{\eta}_1(t) = D_1 e^t$,

$y(t)$: $\eta_2(t) = D_2 e^t$ und $\dot{\eta}_2(t) = D_2 e^t$.

$\eta_1(t)$ und $\dot{\eta}_1(t)$ werden für $x(t)$ bzw. $\dot{x}(t)$ in beide Gleichungen des Systems eingesetzt, $\eta_2(t)$ und $\dot{\eta}_2(t)$ für $y(t)$ bzw. $\dot{y}(t)$.
Zusammengefaßt und durch e^t dividiert entsteht

$$-3D_1 - D_2 = 0$$
$$2D_1 = -2.$$

Ermitteln Sie aus diesem Gleichungssystem D_1 und D_2 und geben Sie die allgemeine Lösung des Systems an! -----→ 103 B

---

101 B

Ohne Schwierigkeiten müßten Sie als allgemeine Lösung des zugehörigen homogenen Systems ermittelt haben:

$$\bar{x} = A_1 e^{2t} + A_2 e^{3t}$$
$$\bar{y} = -2A_1 e^{2t} - A_2 e^{3t}.$$

-----→ 101 C

Ist das nicht der Fall, dann empfehlen wir Ihnen, den ersten Abschnitt nochmals durchzuarbeiten! -----→ 98 A

---

101 C

Bevorzugen Sie zur Bestimmung der allgemeinen Lösung des inhomogenen Systems das Verfahren der Variation der Konstanten, welches immer zum Ziel führt, -----→ 99 C

oder wollen Sie die Ansatzmethode wählen, die zwar häufig weniger Aufwand erfordert, aber nicht immer anwendbar ist.

-----→ 101 A

102 A Ihr Ergebnis ist falsch. Wir lösen ein inhomogenes System von Dgln. gemeinsam.

$$\dot{x} + x - y = 0$$
$$\dot{y} - x + y = 8e^{2t}.$$

Lösen Sie zunächst das zugehörige homogene System! -----→ 100 C

---

102 B Bestimmen Sie die allgemeine Lösung des inhomogenen Systems

$$\dot{x} + y = t$$
$$\dot{y} + x = 0.$$

Überprüfen Sie, ob Sie richtig gerechnet haben! -----→ 100 B

---

102 C Beim Verfahren der Variation der Konstanten betrachten wir die Konstanten A_1 und A_2 in der allgemeinen Lösung des zugehörigen homogenen Systems als Funktionen von t:

$$x = A_1(t) + A_2(t)e^{-2t}$$
$$y = A_1(t) - A_2(t)e^{-2t}.$$

Zunächst benötigen wir die ersten Ableitungen von x und y:

$\dot{x}$ = _ _ _ _ _ _ _ _ _

$\dot{y}$ = _ _ _ _ _ _ _ _ _ . ---- 100 D

x, y, $\dot{x}$, $\dot{y}$ werden in das gegebene System (aus 102 A) eingesetzt. Aus dem entstehenden Gleichungssystem werden $\dot{A}_1$ und $\dot{A}_2$ bestimmt. Nach Integration erhalten wir für

A_1= _ _ _ _ _ _ _ _

und A_2= _ _ _ _ _ _ _ _ .

Durch Einsetzen von A_1 und A_2 in den Ansatz erhalten wir die allgemeine Lösung des inhomogenen Systems. Sie lautet

x = _ _ _ _ _ _ _ _ _ _ _

y = _ _ _ _ _ _ _ _ _ _ _ .

Vergleichen Sie! -----→ 104 C

---

102 D Ihr Ergebnis ist richtig. Lösen Sie nun das Dgl.-System

$$\dot{x} = 3y - x + 3e^{-t}$$
$$\dot{y} = y + x + 8.$$

Vergleichen Sie! -----→ 104 B

Ihr Ansatz muß lauten **103 A**

für $x(t)$: $\eta_1(t) = A_1 e^{-2t} + B_1$,

$y(t)$: $\eta_2(t) = A_2 e^{-2t} + B_2$.

Damit sind Sie sicher in der Lage, die Aufgabe zu Ende zu lösen. -----→ 104 B

Sie werden erhalten haben **103 B**

$$x = C_1 e^{2t} + C_2 e^{3t} - e^t$$

$$y = -2C_1 e^{2t} - C_2 e^{3t} + 3e^t.$$

Jetzt müßten Sie in der Lage sein, nachfolgende Aufgaben selbständig zu lösen. -----→ 102 B

Zum Aufstellen des Ansatzes für eine partikuläre Lösung des inhomogenen Systems (aus 102 A) müssen wir beide Störfunktionen berücksichtigen. Es sind **103 C**

$$g_1(t) = 0, \quad g_2(t) = 8e^{2t}.$$

Also lautet der Ansatz

$\eta_1(t) =$ _ _ _ _ _ _ _ _ _ ,

$\eta_2(t) =$ _ _ _ _ _ _ _ _ _ . ---- 104 D

Werden η_1 und η_2 differenziert, ergibt sich

$\dot{\eta}_1(t) =$ _ _ _ _ _ _ _ _ _ _

und $\dot{\eta}_2(t) =$ _ _ _ _ _ _ _ _ _ _

η_1, η_2, $\dot{\eta}_1$ und $\dot{\eta}_2$ werden in das gegebene System von Dgln. eingesetzt, und beide Gleichungen werden durch e^{2t} dividiert:

_ _ _ _ _ _ _ _ _ $= 0$

_ _ _ _ _ _ _ _ _ $= 8.$

Wir erhalten sofort $D_1 =$ _ _ _ und $D_2 =$ _ _ _ und die allgemeine Lösung des Systems

$x = A_1 + A_2 e^{-2t} +$ _ _ _

$y = A_1 - A_2 e^{-2t} +$ _ _ _ .

Vergleichen Sie! -----→ 104 A

104 A Sie müssen folgendes ergänzt haben

$2D_1e^{2t}$ / $2D_2e^{2t}$ / $3D_1 - D_2$ / $-D_1 + 3D_2$ / 1 / 3 /
e^{2t} / $3e^{2t}$.

Lösen Sie nun die begonnene Aufgabe noch einmal! -----→ 102 B

---

104 B Lautet Ihr Ergebnis

$$x = C_1e^{2t} + C_2e^{-2t} + 2e^{-t} - 6,$$
$$y = C_1e^{2t} - \tfrac{1}{3}C_2e^{-2t} - e^{-t} - 2,$$

dann haben Sie richtig gerechnet. -----→ 106 B

Sie haben kein oder ein anderes Ergebnis.
Haben Sie

mit der Ansatzmethode gearbeitet? -----→ 103 A

die Variation der Konstanten angewendet? -----→ 106 A

---

104 C Sie müßten wie folgt ergänzt haben

$2e^{2t} + C_1$ / $-e^{4t} + C_2$ / $C_1 + C_2e^{-2t} + e^{2t}$ /
$C_1 - C_2e^{-2t} + 3e^{2t}$.

Lösen Sie die vorhin begonnene Aufgabe noch einmal!

-----→ 102 B

---

104 D Die Ergänzungen müssen lauten

D_1e^{2t} / D_2e^{2t}.

---

104 E Die Lösung der Dgl. ist

$$x = C_1e^{t} + C_2e^{2t} + C_3e^{-2t}.$$

Damit können Sie nun aus dem gegebenen System $y = y(t)$ und $z = z(t)$ ermitteln. Es läßt sich sofort aus der ersten Dgl. des Systems $z = z(t)$ bestimmen.

--- 109 B -----→ 110 A

105 A

II. <u>Zurückführung eines Systems von n linearen Differentialgleichungen erster Ordnung in n Funktionen mit konstanten Koeffizienten auf eine Dgl. n-ter Ordnung in einer Funktion.</u>

Wir betrachten das System von n Dgln.

$$y_1' = a_{11}y_1 + a_{12}y_2 + \ldots + a_{1n}y_n + g_1(x)$$

$$y_2' = a_{21}y_1 + a_{22}y_2 + \ldots + a_{2n}y_n + g_2(x)$$

$$\vdots$$

$$y_n' = a_{n1}y_1 + a_{n2}y_2 + \ldots + a_{nn}y_n + g_n(x)$$

mit $y_i = y_i(x)$, $i = 1, 2, \ldots, n$.

Ein solches System kann gelöst werden, indem eine zu diesem System äquivalente Dgl. n-ter Ordnung aufgestellt und diese dann gelöst wird. n ist die Summe der Ordnungen der Gleichungen.

<u>Lösungsweg:</u>

- Wir differenzieren eine (beliebige) Dgl. des Systems nach der unabhängigen Variablen.
- In der differenzierten Gleichung werden die Ableitungen der unbekannten Funktion bzw., wenn notwendig, die unbekannte Funktion selbst mit Hilfe anderer Gleichungen des Systems ersetzt.

Ziel dieser Umformungen ist es, durch endlich viele Wiederholungen der beiden Schritte eine Dgl. n-ter Ordnung in <u>einer</u> Funktion zu erhalten.

Zwischen der Lösung eines Systems linearer Dgln. erster Ordnung mit konstanten Koeffizienten und der Lösung der aus dem System entwickelten linearen Dgl. höherer Ordnung mit konstanten Koeffizienten besteht Äquivalenz. Davon ausgehend ist es auch möglich, aus der Lösung der Dgl. höherer Ordnung die Lösung des Systems zu gewinnen. -----→ 107 A

---

105 B

Haben Sie

$y_1^{(4)} = 2y_1'' - y_1 + 17$ -----→ 107 C

$y_1^{(4)} = 3y_1' + 20 - 4y_1 - 4y_3$ -----→ 106 D

ein anderes oder kein Ergebnis? -----→ 108 A

106 A Vergleichen Sie mit folgenden Zwischenergebnissen:

$$\lambda_{1,2} = \pm 2;$$

$$A_1(t) = -3e^{-2t} - \frac{1}{4}e^{-3t} + C_1;$$

$$A_2(t) = -3e^{2t} + \frac{9}{4}e^{t} + C_2.$$

Vergleichen Sie dann erneut! -----→ 104 B

---

106 B Ihr Ergebnis ist richtig. Lösen Sie nun die folgenden Aufgaben und geben Sie diese beim Betreuer ab!

1. $\frac{dy}{dx} + 7y - z = 0$
   $\frac{dz}{dx} + 2y + 5z = 0;$

2. $\dot{x} + 2y = e^{-t}$
   $\dot{y} + 2x = e^{t}.$

Damit sind Sie am Ende des ersten Abschnittes über Systeme von linearen Dgln. angelangt.

Wenn Sie sich noch mit der Überführung von Systemen linearer Dgln. mit konstanten Koeffizienten in eine Dgl. höherer Ordnung beschäftigen wollen, dann -----→ 105 A

---

106 C Sie haben zwar eine Dgl. dritter Ordnung erhalten, in dieser sind jedoch noch alle drei Funktionen enthalten. Mit Hilfe einer Dgl. des gegebenen Systems muß erreicht werden, daß nur noch eine Funktion und deren Ableitungen in der Dgl. enthalten sind. -----→ 109 C

---

106 D Die Aufgabe ist noch nicht vollständig gelöst. Beachten Sie: In der Dgl. höherer Ordnung darf nur noch <u>eine</u> der gesuchten Funktionen enthalten sein. Ersetzen Sie deshalb y_1 mit Hilfe der zweiten und ersten Gleichung des gegebenen Systems und vergleichen Sie danach erneut! -----→ 110 C

---

106 E Beachten Sie, daß zu einem Dgl.-System 3. Ordnung eine Dgl. 3. Ordnung äquivalent ist. Differenzieren Sie also noch einmal und ersetzen Sie! -----→ 109 C

107 A

Wir rechnen Ihnen ein Beispiel vor. Gesucht ist die Dgl. höherer Ordnung in $y(x)$, die dem folgenden System äquivalent ist:

$$y' = z + x$$
$$z' = y \qquad \text{mit} \quad y = y(x), \quad z = z(x).$$

Lösungsweg: Wir differenzieren die erste Gleichung, erhalten $y'' = z' + 1$ und ersetzen hierin z' durch die zweite Gleichung des gegebenen Systems.

Es entsteht $y'' = y + 1$.

$y'' - y = 1$ ist eine inhomogene Dgl. mit konstanten Koeffizienten. Diesen Typ von Dgln. können Sie aber bereits lösen. Wir möchten hier darauf verzichten. -----→ 107 B

---

107 B

Ermitteln Sie die Dgl. höherer Ordnung mit der unbekannten Funktion y_1, die dem folgenden System äquivalent ist:

$$\left.\begin{aligned} y_1' &= y_2 \\ y_2' &= 3y_1 + 4y_3 - 3 \\ y_3' &= y_4 \\ y_4' &= 5 - y_1 - y_3 \end{aligned}\right\} \quad \text{mit } y_i = y_i(x),\ i = 1, 2, 3, 4.$$

Vergleichen Sie! -----→ 105 B

---

107 C

Ihr Ergebnis ist richtig. Führen Sie nun das folgende Gleichungssystem auf eine Dgl. dritter Ordnung zurück! Es ist Ihnen überlassen, für welche der gesuchten Funktionen Sie die Dgl. höherer Ordnung aufstellen. Überprüfen Sie anschließend Ihr Ergebnis!

$$\left.\begin{aligned} \dot{x} &= 2y - z \\ \dot{y} &= x - z \\ \dot{z} &= x - y \end{aligned}\right\} \text{mit} \left\{\begin{aligned} x &= x(t) \\ y &= y(t) \\ z &= z(t). \end{aligned}\right.$$

-----→ 109 C

---

107 D

Die Dgl. dritter Ordnung zum angegebenen System lautet.

$$\dddot{x} - \ddot{x} - 4\dot{x} + 4x = 0.$$

Bestimmen Sie nun die allgemeine Lösung $x(t)$ dieser Dgl.

-----→ 104 E

108 A Sie sind mit der Aufgabe nicht zurecht gekommen. Wir rechnen Ihnen die Aufgabe schrittweise vor. Gesucht war die Dgl. höherer Ordnung in y_1, die folgendem System äquivalent ist:

$$\left.\begin{aligned} y_1' &= y_2 \\ y_2' &= 3y_1 + 4y_3 - 3 \\ y_3' &= y_4 \\ y_4' &= 5 - y_1 - y_3 \end{aligned}\right\} \quad \text{mit } y_i = y_i(x),\ i = 1, 2, 3, 4.$$

<u>Lösungsweg:</u> Differenzieren der ersten Gleichung:

$y_1'' = y_2'$.

Ersetzen von y_2' mit Hilfe der zweiten Dgl.:

$y_1'' = 3y_1 + 4y_3 - 3$.

Differenzieren dieser Dgl.:

$y_1''' = 3y_1' + 4y_3'$.

Ersetzen von y_3' mittels der dritten Dgl.:

$y_1''' = 3y_1' + 4y_4$.

Differenzieren dieser Dgl.:

$y_1^{(4)} = 3y_1'' + 4y_4'$.

Ersetzen von y_4' mit Hilfe der vierten Dgl.:

$y_1^{(4)} = 3y_1'' + 20 - 4y_1 - 4y_3$.

Hier muß noch $4y_3$ ersetzt werden. Das geschieht, indem die Dgl. $y_1'' = 3y_1 + 4y_3 - 3$ verwendet wird.

Führen Sie das aus und vereinfachen Sie! -----→ 110 C

---

108 B Sie haben ein falsches Ergebnis. Beachten Sie, daß in der Dgl. höherer Ordnung nur <u>eine</u> der Funktionen enthalten sein darf (in unserem Fall y(x)). -----→ 110 D

---

108 C Ihr Ergebnis ist falsch. Offenbar bereiten Ihnen Aufgaben dieses Typs noch große Schwierigkeiten. Bestimmen Sie deshalb zunächst die zu folgendem System äquivalente Dgl. höherer Ordnung in y(x). Arbeiten Sie gewissenhaft!

$$\left.\begin{aligned} y' &= y - z \\ z' &= 4y - 3z \end{aligned}\right\} \quad \text{mit } y = y(x), \quad z = z(x).$$

Vergleichen Sie! -----→ 110 D

109 A

Haben Sie als Ergebnis $y_1''' = y_1' + y_1$ ermittelt?

Ja -----→ 107 C

Nein; dann ist das schon die zweite Aufgabe, die Sie nicht sofort lösen konnten! Offensichtlich beherrschen Sie das Lösungsverfahren noch nicht. Es ist vorteilhaft, wenn Sie sich noch einmal mit diesem Abschnitt beschäftigen! -----→ 105 A

---

109 B

Bestimmen Sie die allgemeine Lösung des Systems von Dgln.

$$\left.\begin{aligned} \dot{x} &= x + z \\ \dot{y} &= -2x + 2z \\ \dot{z} &= 2x + y \end{aligned}\right\} \quad \text{mit} \quad \begin{aligned} x &= x(t), \\ y &= y(t), \\ z &= z(t), \end{aligned}$$

indem Sie zunächst eine Dgl. 3. Ordnung in x herstellen!

Vergleichen Sie! -----→ 107 D

---

109 C

Haben Sie

das richtige Ergebnis $\dddot{x} = 3x$

oder $\dddot{y} = 3y$ oder $\dddot{z} = 3z$ -----→ 109 B

als Zwischenergebnis

$\dddot{x} = \dot{x} + 3x - 2y + z$

oder $\dddot{y} = \dot{y} + 3y - x - z$

oder $\dddot{z} = -2\dot{z} - \dot{x} + 2\dot{y}$ -----→ 106 C

$\ddot{x} = x + y + 2z$ oder $\ddot{y} = y + x - z$

oder $\ddot{z} = -2z - x + 2y$ -----→ 106 E

kein oder ein anderes Ergebnis? -----→ 108 C

---

109 D

Sie haben sich beim Zusammenfassen der Terme verrechnet. Berichtigen Sie den Vorzeichenfehler und vergleichen Sie erneut! -----→ 110 D

110 A Die allgemeine Lösung des Systems von Dgln. lautet

$$x = C_1e^{t} + C_2e^{2t} + C_3e^{-2t}$$

$$y = -2C_1e^{t} + 4C_3e^{-2t}$$

$$z = C_2e^{2t} - 3C_3e^{-2t}.$$

-----→ 110 B

---

110 B Ermitteln Sie die entsprechenden Dgln. höherer Ordnung mit der Funktion $y_1 = y_1(x)$.

a) $y_1' = y_2 + e^{-2x}$
$y_2' = y_1 - y_2$;

b) $y_1' = y_2 - y_3$
$y_2' = y_3 - y_1$
$y_3' = y_1 - y_2$;

c) $y_1' = y_2$
$y_2' = y_3 + y_2$
$y_3' = y_4$
$y_4' = y_3 + y_1$,

wobei $y_i = y_i(x)$, i = 1, 2, 3, 4.

Geben Sie die geforderten Aufgaben bei Ihren Betreuer ab!

Damit sind Sie am Ende des Programms Gewöhnliche Dgln. angekommen.

---

110 C Sie müssen erhalten haben

$$y_1^{(4)} = 2y_1'' - y_1 + 17.$$

Bestimmen Sie nun die zu folgendem System äquivalente Dgl. in $y_1(x)$. Arbeiten Sie gewissenhaft!

$$\left.\begin{aligned} y_1' &= y_2 \\ y_2' &= y_1 + y_3 \\ y_3' &= y_1 \end{aligned}\right\} \text{ mit } y_i = y_i(x),\ i = 1, 2, 3.$$

-----→ 109 A

---

110 D Welches Ergebnis haben Sie?

$y'' = y' - 4y + 3z$ -----→ 108 B

$y'' = 2y' - y$ -----→ 109 D

$y'' + 2y' + y = 0$ -----→ 107 C

Sind Sie zu keinem der angegebenen Ergebnisse gekommen, dann haben Sie offensichtlich sehr oberflächlich gearbeitet. Die Aufgabe ist nicht viel schwieriger als das Beispiel in 107 A. Sie müssen dann nur noch mit Hilfe der ersten Gleichung des Systems 3z ersetzen. ---- 107 A ↩

Hinweise für den Lehrenden

Dieses Übungsprogramm schließt an das Übungsprogramm "Gewöhnliche Dgln. erster Ordnung" an, setzt aber nicht unbedingt das Durcharbeiten des ersten Übungsprogramms voraus.

Die Arbeit mit dem vorliegenden Übungsprogramm erfordert den selbständigen Erwerb der theoretischen Grundlagen bzw. das Hören einer Vorlesung zum Stoffkomplex "Gewöhnliche Dgln. höherer Ordnung". Es ist so aufgebaut, daß es an Stelle der Übungen im Selbststudium eingesetzt werden kann. Dabei erwies es sich als zweckmäßig, die selbständige Arbeit der Studenten mit dem Übungsprogramm durch Konsultationen zu unterstützen und zu kontrollieren. Für die einzelnen Abschnitte ergaben sich auf Grund bisheriger Erfahrungen folgende Durcharbeitungszeiten (in Minuten):

- Dgln., die sich durch Reduktion der Ordnung lösen lassen 180'
- Homogene lineare Dgln. mit konstanten Koeffizienten 90'
- Inhomogene lineare Dgln. mit konstanten Koeffizienten
  Ansatzmethode 210'
  Variation der Konstanten 90'
- Die Eulersche Dgl. 150'
- Systeme von linearen Dgln. mit konstanten Koeffizienten
  Lösung von Systemen linearer Dgln. mit konstanten Koeffizienten 150'
  Zurückführung eines Systems von n linearen Dgln. erster Ordnung in n Funktionen mit konstanten Koeffizienten auf eine Dgl. n-ter Ordnung in einer Funktion 45'

Der Abschnitt "Dgln., die sich durch Reduktion der Ordnung lösen lassen", ist nicht Voraussetzung für das Durcharbeiten der folgenden Abschnitte.

Die Abschnitte "homogene" und "inhomogene lineare Dgln. mit konstanten Koeffizienten" und "Eulersche Dgln." bilden eine Einheit. Der Abschnitt "Eulersche Dgln." kann dabei ohne weiteres übersprungen werden. Auch die Lösungsmethode "Variation der Konstanten" für inhomogene lineare Dgln. mit konstanten Koeffizienten muß nicht unbedingt durchgearbeitet werden.

Für das Lösen von Systemen linearer Dgln. mit konstanten Koeffizienten werden Voraussetzungen aus den Abschnitten "homogene" und "inhomogene lineare Dgln. mit konstanten Koeffizienten" (Ansatzmethode) benötigt. Der zweite Teil dieses Abschnittes kann ebenfalls übergangen werden.

Auf die Herleitung von Dgln. wird hier nicht eingegangen, da dies bereits auch für Dgln. höherer Ordnung im Übungsprogramm "Gewöhnliche Dgln. erster Ordnung" unter "Grundbegriffe und Herleitung einer Dgl." behandelt wurde.

Die im Programm enthaltenen Aufgaben treten in unterschiedlichen Funktionen auf:

- Aufgaben, deren Lösungen nach dem Prinzip der Konstruktionsauswahlantworten vorgegeben werden;
- vorgerechnete Beispiele;
- Übungsaufgaben, deren Lösungen angegeben werden;
- Aufgaben (zur Leistungskontrolle), mit deren Hilfe die Studenten ihre Leistungen selbst kontrollieren und bewerten können;
- Kontrollaufgaben, deren Lösungen beim Betreuer abzugeben sind.

Mit diesem Programm liegt die dritte Überarbeitung eines programmierten Übungsmaterials vor, das entstanden ist nach Erprobungen der vorhergehenden Fassungen mit Studenten der Grundstudienrichtungen Maschineningenieurwesen und Physik sowie Lehrerstudenten der Fachrichtungen Mathematik/Physik und Physik/Mathematik der Technischen Hochschule Karl-Marx-Stadt.

Kritische Hinweise und Vorschläge zur weiteren Verbesserung des Übungsprogramms nehmen wir gern entgegen.